无公害苹果优质高效栽培技术

曹 慧 王东方 著

科学出版社

北 京

内 容 简 介

本书从实用性出发，对无公害苹果优质高效栽培的关键技术进行了研究，突出新成果、新技术与传统经验和常规技术的有机结合。本书主要包括优质基础：①选好良种；②精心建园：高产优质无公害苹果园的建立；③优质高效保证：苹果园无公害高效土肥水管理技术；④培养合理树形：苹果树整形修剪技术；⑤品质提高：果实套袋与增色技术；⑥综合防治：无公害苹果园病虫害防治技术；⑦收获果实：果实采收及采后处理技术等内容。本书内容新颖，技术先进，实用性和可操作性强。

本书可供果树栽培爱好者和技术研究人员参考。

图书在版编目（CIP）数据

无公害苹果优质高效栽培技术/曹慧，王东方著. —北京：科学出版社，2017.10

ISBN 978-7-03-054537-4

Ⅰ. ①无… Ⅱ. ①曹… ②王… Ⅲ. ①苹果–高产栽培–无污染技术 Ⅳ. ①S661.1

中国版本图书馆 CIP 数据核字（2017）第 228898 号

责任编辑：刘 畅 / 责任校对：孙婷婷
责任印制：吴兆东 / 封面设计：铭轩堂

科 学 出 版 社 出版
北京东黄城根北街 16 号
邮政编码：100717
http://www.sciencep.com

北京九州迅驰传媒文化有限公司 印刷
科学出版社发行 各地新华书店经销
*
2017 年 10 月第 一 版 开本：720 × 1000 1/16
2019 年 2 月第三次印刷 印张：13
字数：254 000

定价：49.00 元
（如有印装质量问题，我社负责调换）

前　言

苹果是世界四大果树之一，在世界各地广泛栽培，分布广泛，种类繁多，栽培历史悠久。其因果实外观优美，果肉清香宜人，营养丰富，以及具有酿酒、榨汁、制脯等多种用途而备受人们的青睐。

中国是世界第一大苹果生产国，无论是栽培面积还是产量均居世界首位，是名副其实的支柱产业之一。我国现在基本形成了渤海湾（鲁、辽、冀）和黄土高原（陕、甘、晋、豫）两大苹果优势产区。近年来，经过品种结构调整，品种更加优化，栽培技术不断改进，果品质量显著提高，在国内外市场上产生了越来越大的影响。但是，与发达国家相比，我国的苹果质量仍有较大的差距。其主要问题是无公害苹果生产的普及面窄，缺乏有效的果实卫生质量监督机制，使苹果的食用安全性难以保证，既对消费者身体健康构成威胁，又成为苹果出口的主要障碍。

基于此，我们认识到在现代农业的大背景下，在果树的栽培管理生产中，已经不能仅关注果品的产量，更应注重果品的质量，才能满足市场需求，进而创造出高的经济效益，这就需要有现代的、先进的果树栽培和管理技术做后盾。同时随着国家现代新型农业产业体系的建设，越来越多的人加入现代农业经营与管理的行列，尤其各地新建各种大型农业园区和苹果园区的势头强劲，无公害苹果优质高效的栽培技术是相关从业者必须掌握的关键技术。

全书共分为 8 章，包括引言；优质基础：选好良种；精心建园：高产优质无公害苹果园的建立；优质高效保证：苹果园无公害高效土肥水管理技术；培养合理树形：苹果树整形修剪技术；品质提高：果实套袋与增色技术；综合防治：无公害苹果园病虫害防治技术；收获果实：果实采收及采后处理技术等内容。

本书在写作过程中加入了编者自己的研究成果，参考并引用了大量前辈学者的研究成果和论述，在此向相关内容的原作者表示诚挚的敬意和谢意。在写作过程中，作者力求成果新颖、材料翔实、图文并茂、科学实用、通俗易懂、可操作性强，以期使苹果种植及管理人员和相关技术服务人员能够全面详尽地掌握无公害苹果优质丰产的现代栽培技术，为推动无公害苹果产业发展尽绵薄之力。

鉴于作者水平有限，不足之处在所难免，恳请读者批评指正。

曹　慧

2017 年 3 月

目　　录

第一章 引　言

我国加入世界贸易组织（WTO）后，为了应对我国入世给农产品质量带来的压力和满足人民群众日益增长的对食品安全的要求，为了增强农产品的市场竞争力，增加农民收入，实现农业的可持续发展，中国的食品业应突出资源优势，培育和发展具有中国特色的有机食品拳头产品和龙头企业，提高食品的深加工力度和附加值，这是当前乃至今后中国食品业经济发展必须解决的重要而迫切的课题。世界农业正向持续农业、生态农业、有机农业、环保农业、绿色农业和无公害农业发展，这已成为今后农业生产的一个主要发展目标。

第一节　无公害食品、绿色食品与有机食品

一、无公害食品

生产地符合生产无公害食品环境质量标准，按无公害食品生产方式生产无公害的食品，在生产过程中允许使用限定的化肥、农药等化学合成物质。产地环境由省级农业行政部门认定，产品由国家认可监督管理委员会授权的认证认可机构认证，颁发无公害农产品证书，在产品上使用无公害农产品标志进入市场销售。无公害农产品要求出自良好的生态环境，按照无公害化生产技术操作规程生产和加工，有毒有害物质的含量限制在人体健康安全允许范围内，符合无污染、安全、优质、营养丰富等有关标准。无公害农产品标志如图 1-1所示。无公害果品是指水果中有毒有害物质含量控制在标准规定范围内的商品水果。无公害果品是无公害农产品的一种。无公害是食品的一种基本要求，普通食品都应达到这一要求。

二、绿色食品

绿色食品并非指"绿颜色"的食品，而是指经专门机构认可使用绿色食品标志的无污染、安全、优质、营养丰富的食品。这个专门

图 1-1　无公害农产品标志

机构为农业部的中国绿色食品发展中心，从 1996 年开始，我国农业部中国绿色食品发展中心推广的认证食品分为 A 级和 AA 级两种。其中 A 级绿色食品生产中允许限量使用化学合成生产资料，AA 级绿色食品则较为严格地要求在生产过程中不使用化学合成的肥料、农药、兽药、饲料添加剂、食品添加剂和其他有害于环境和健康的物质。AA 级绿色食品与 A 级绿色食品对生产地的环境质量要求是一样的，区别点在于 AA 级绿色食品不允许使用任何化学物质，而 A 级绿色食品在生产过程中允许使用限定的化肥和农药等化学合成物质。从本质上讲，绿色食品是从普通食品向有机食品发展的一种过渡性产品。绿色果品是绿色食品的一种。

生产绿色食品必须同时具备以下 4 个基本要求。

第一，环境。生产基地的空气必须清洁，不受有毒气体的污染；农田灌溉用水和土壤不含有有毒物质，重金属含量不超过规定标准。

第二，生产操作。农作物的种植必须符合农业部制定的生产操作规程。

第三，产品质量。产品必须符合农业部制定的绿色食品质量和卫生标准。

第四，产品包装。产品包装必须符合国家食品标签通用标准，符合绿色食品特定的包装、装潢和标签规定。

图 1-2　绿色食品标志

绿色食品标志如图 1-2 所示，图案中的上方为太阳，下方为叶片，中心为蓓蕾，描绘了一幅明媚阳光照耀下的和谐生机，表示绿色食品是出自优良生态环境的安全无污染食品，能给人们带来蓬勃的生命力，并提醒人们必须保护环境，改善人与环境的关系，创造自然界新的和谐。

绿色食品标志是中国绿色食品发展中心在国家工商行政管理总局商标局正式注册的质量证明商标。该商标的专用权受《中华人民共和国商标法》保护，一切假冒伪劣产品使用该标志，均属违法行为，各级工商行政部门均有权依法予以处罚。

三、有机食品

"有机食品"是外来词，是英文 organic food 直译过来的，"有机"不是化学上的概念，有机食品是有机农业的产物。

有机食品是指以有机方式生产加工的、符合有关标准并通过专门认证机构认证的农副产品及其加工品，包括粮食、蔬菜、奶制品、禽畜产品、蜂蜜、水产品、调料等。有机果品是有机食品的一种。有机食品与其他食品的区别主要有以下三个方面。

第一，有机食品在生产加工过程中绝对禁止使用农药、化肥、激素等人工合成化学物质，并且不允许使用基因工程技术；其他食品则允许有限使用这些物质，并且不禁止使用基因工程技术。例如，绿色食品对基因工程技术和辐射技术的使用就未做规定。

第二，有机食品在土地生产转型方面有严格规定。考虑到某些物质在环境中会残留相当一段时间，土地从生产其他食品到生产有机食品需要 2~3 年的转换期，而生产绿色食品和无公害食品则没有转换期的要求。

第三，有机食品在数量上进行严格控制，要求定地块、定产量，生产其他食品没有如此严格的要求。

总之，生产有机食品比生产其他食品的难度大，需要建立全新的生产体系和监控体系，采用相应的病虫害防治、地力保持、种子培育、产品加工和储存等替代技术。

四、有机食品、绿色食品和无公害食品的比较

目前的食品在生产和加工过程中比较普遍地使用农药、化肥、激素等人工合成化学物质，严重地威胁着人类健康。食用安全无污染、高品质的食品已成为众多消费者的共识和追求，因此有机食品、绿色食品、无公害食品应运而生。

有机食品、绿色食品、无公害食品都是安全食品，安全是这三类食品突出的共性，它们在种植、收获、加工生产、贮藏及运输过程中都采用了无污染的工艺技术，实行了从土地到餐桌的全程质量控制，保证了食品的安全性。但是它们又有不同点。

第一，标准不同。就有机食品而言，不同的国家、不同的认证机构，其标准不尽相同。在我国，环境保护部有机食品发展中心（OFDC）制定了有机产品的认证标准。2000 年 12 月，美国公布了有机食品全国统一的新标准，日本在 2001 年 4 月公布了有机食品法（即 JAS 法），欧洲国家使用欧盟统一标准 EECNO2092/91 及其修正案和 1804/99 有机农业条例。

我国的绿色食品标准是由中国绿色食品发展中心组织制定的统一标准，其标准分为 A 级和 AA 级。A 级的标准是参照发达国家食品卫生标准和联合国食品法典委员会（CAC）的标准制定的，AA 级的标准是根据国际有机农业联盟（IFOAM）有机产品的基本原则，参照有关国家有机食品认证机构的标准，再结合我国的实际情况而制定的。

无公害食品在我国是指产地环境、生产过程和最终产品符合无公害食品的标准和规范。这类产品允许限量、限品种、限时间地使用人工合成化学农药、兽药、鱼药、肥料、饲料添加剂等。

第二，标志不同。有机食品标志在不同国家和不同认证机构是不同的。在我

国,环境保护部有机食品发展中心在国家工商行政管理总局注册了有机食品标志,中国农业科学院茶叶研究所也制定了有机茶的标志。2001 年,国际有机农业运动联合会(IFOAM)的成员就拥有有机食品标志 380 多个。

绿色食品的标志在我国是统一的,也是唯一的,它是由中国绿色食品发展中心制定并在国家工商行政管理总局注册的质量认证商标。

无公害食品的标志在我国由于认证机构不同而不同,山东、湖南、黑龙江、天津、广东、江苏、湖北等省(直辖市)先后分别制定了各自的无公害农产品标志,其中湖北省绿色食品管理办公室拥有的无公害食品标志已在国家工商行政管理总局注册。

第三,级别不同。有机食品无级别之分,有机食品在生产过程中不允许使用任何人工合成化学物质,而且需要 3 年的过渡期,过渡期生产的产品为"转化期"产品。

绿色食品有 A 级和 AA 级两个等级。A 级绿色食品产地环境质量要求评价项目的综合污染指数不超过 1,在生产加工过程中,允许限量、限品种、限时间使用安全的人工合成农药、兽药、鱼药、肥料、饲料及食品添加剂。AA 级绿色食品产地环境质量要求评价项目的单项污染指数不得超过 1,生产过程中不得使用任何人工合成化学物质,且产品需要 3 年的过渡期。

无公害食品不分级,在生产过程中允许限品种、限数量、限时间地使用安全的人工合成化学物质。

第四,认证机构不同。在我国,有机食品的认证机构有两家最具权威性。一家是环境保护部有机食品发展中心,它是目前国内有机食品综合认证的权威机构;另一家是中国农业科学院茶叶研究所,该所的认证在目前国内茶叶行业中最具权威性。另外,也有一些国外有机食品认证机构在我国发展有机食品的认证工作,如德国的有机食品认证机构(BCS)。BCS 有机保证有限公司是 1992 年 5 月 11 日经德国国农林食品部正式批准成立的对有机食品项目进行检查和认证的专门机构,总部设在德国。BCS 有机保证标志所代表的高标准和高可靠性享誉德国和欧洲其他许多国家,是消费者最信赖的有机食品标志之一。中国生产的有机食品在经过 BCS 的认证之后,顺利地进入了欧洲、美国、日本和其他发达国家的市场。

中国绿色食品发展中心是我国唯一一家绿色食品的认证机构,该中心负责全国绿色食品的统一认证和最终审批工作。

无公害食品的认证机构较多,目前有许多省、自治区、直辖市的农业管理主管部门都进行了无公害食品的认证工作,但只有在国家工商行政管理总局正式注册标识商标或颁发了省级法规的前提下,其认证才有法律效力。

第五,认证方法不同。在我国,有机食品和 AA 级绿色食品的认证实行检查员制度,在认证方法上是以实地检查认证为主,检测认证为辅,有机食品的认证重点是农事操作的真实记录和生产资料购买及应用记录等。A 级绿色食品和无公害食品的认证是以检查认证和检测认证并重的原则，同时强调从土地到餐桌的全程质量控制，在环境技术条件的评价方法上，采用了调查评价与检测认证相结合的方式。有机食品、绿色食品和无公害食品的比较见表 1-1。

表 1-1 有机食品、绿色食品和无公害食品的比较

项目		有机食品	绿色食品	无公害食品
立足点		强调来源于有机农业的食品，是多元化的生产体系	强调可持续发展，是单一生产体系，一种规范化、标准化模式	强调不产生公害，是单一生产体系，一种规范化、标准化生产模式
产地环境检测和认证	检测标准	原料产地的大气、水质、土壤等绝对无污染，采用单项指数法，各项指数均不得超过有关标准	A 级：大气、水质、土壤的测定采用综合指数法，综合污染指数不得超过 1。AA 级：大气、水质、土壤的各项检测数据不得超过有关指标	原料产地的大气、水质、土壤等按无公害农产品进行检测认定
	认证部门	环境保护部有机食品发展中心	农业部中国绿色食品发展中心	省级农业行政主管部门负责组织实施本辖区内的产地认定工作
生产过程		禁止使用任何化学合成物质	A 级：允许使用限定的人工合成化学物质。AA 级：禁止使用任何人工合成化学物质	允许使用限定的人工合成化学物质
产品		各种化学合成农药及合成添加剂均不得检出，绝对无毒副作用	A 级：允许限定使用的农药残留量为国家或国际标准的 0.5，其他禁止使用的物质不得检出。AA 级：各种人工合成化学农药及合成添加剂均不得检出	允许限定使用的农药残留量按规定标准不得超标
证书认证及标志	标志	用有机食品标志	用绿色食品标志，分为 A 级和 AA 级	用无公害农产品标志
	有效期	2 年	3 年	3 年
	认证机构	有机食品认可委员会批准的有机食品认证机构	中国绿色食品发展中心审核后，由农业部颁发使用证书及证书编号	由国家认证认可监督管理委员会授权的认证认可机构

五、无公害食品生产的意义和前景

1992 年 6 月，联合国在巴西首都里约热内卢召开了"世界环境与发展大会"，该会议通过了全球可持续发展战略框架性文件《21 世纪议程》，其核心就是强调环境与发展的可持续性。因此，发展无公害食品的意义重大。

（一）保护生态环境，使农业可持续发展

农业的发展历史包括原始农业、传统农业和现代农业三个发展阶段。原始农业比较单纯，没有什么污染物质的投入，产量很低；传统农业的前期污染较轻，肥料主要是有机肥，农药则以植物源和矿物源为主，对环境污染也不明显；传统农业的中后期及现代农业，随着工业、交通事业的飞速发展，"三废"的排放，化学农药和化学肥料的大量投入，农业污染日益加重。农业环境是指农业生态系统中的非生物因素，即指农作物、林木、果树、畜禽和鱼类等农业生物赖以生存、发育、繁殖的自然环境。它包括农田土壤、农业用水、空气、日光和温度等。从当前农业生态环境情况看，土地退化、土壤荒漠化及盐碱化、水土流失现象十分严重，农业用水污染及由此导致的农田土壤污染、农药和化肥污染也时有发生。这一切均严重影响着农业的持续发展和粮食的安全。所以，农业环境保护已成为迫在眉睫的重要问题。

当前农业环境质量恶化，农业生态平衡遭到破坏，已在全世界范围内不同程度地影响了农业生态生产力的发挥和农业的长期发展。20世纪80年代末，农业可持续发展思想反映在一些主要国际组织的文件和报告中。1987年，世界环境与发展委员会提出《2000年粮食：转向农业持续发展的全球政策》文件；1988年，联合国粮食及农业组织制定了《持续农业生产：对国际农业研究的要求》文件；1989年11月，联合国粮食及农业组织第25届大会通过了有关持续性农业发展活动的决议，强调在推进经济与社会发展的同时，维护和提高农业生产能力；1991年4月，联合国粮食及农业组织在荷兰召开农业与环境国际会议，发表了著名的《丹波宣言》，拟定了关于农村发展和农业可持续发展的要领和定义："采取某种使用和维护自然资源基础的方式，以及实行技术变革和体制改革，以确保当代人及其后代对农产品的需求得到了不断满足。这种可持续的发展（包括农业、林业和渔业）旨在保护土地、水和动植物遗传资源，是一种优化环境、技术应用适当、经济上能维持下去及社会能够接受的方式。"该宣言首次把农业可持续发展与农村发展联系起来，并力图把各种农业的可持续发展要素系统组合到一个网络中，使其更具有可操作性。《丹波宣言》提出，为过渡到更加持久的农业生产系统，农村和农业持续发展必须努力确保实现以下三个基本目标。

第一，在自给自足原则下持续增加农作物产量，保证食物安全。

第二，增加农村就业机会，增加农民收益，特别是消除贫困。

第三，保护自然资源，保护环境。从总体看，农业可持续发展的目标是追求公平，追求和谐，追求效益，实现持久永续的发展。

近年来，一些发达国家如美国、丹麦、荷兰、挪威、加拿大等都总结了农药使用全盛时期的一些弊端，改变了植物保护工作中单纯依靠化学农药的方针，大力推行使用无公害农药，从而有效地保护生态环境，使农业可持续发展。

（二）保护人类健康，提高人类身体素质

据统计，我国受重金属污染的土地已占耕地总面积的1/5，每年仅重金属污染而造成的直接经济损失就超过 300 亿元，在一些重金属污染严重的地区，癌症发病率和死亡率明显高于对照区。据最近资料报道，在全世界每年患癌症的 500 万人中，有 50%左右与食品的污染有关。我国农药年使用量已达 25 万 t，其中包括一些高毒性与高残留品种，有机氯农药虽已停用十几年，但在许多食品中仍有较高的检出率。甲胺磷等高毒农药一般不允许用于蔬菜、茶叶等食用作物，但由于其杀虫力强，农民将其滥施于蔬菜造成中毒的事件时有发生。全国受农药污染的农田约 1600 万 hm^2，主要农产品的农药残留超标率高达 20%。农药已成为我国农产品污染的重要来源之一。与此同时，人口的巨大压力使得我国农业片面追求高产，大量依赖化肥而忽视有机肥的施用，导致土壤有机质和作物必需的营养元素含量降低，从而影响了土壤质量。过量的氮、磷等营养性污染物造成水体富营养化，同时还导致饮用水、地下水及农作物中硝酸盐含量超标。近年来，由人类活动而释放到环境中的激素类物质（环境荷尔蒙）的种类和含量呈急剧上升趋势。研究表明，环境激素类物质在人体和动物体内发挥着类似雌性激素的作用。它干扰体内激素，使内分泌失衡，导致生殖机能失常。虽然它们在环境中的含量甚微，但已对人体健康造成了极大危害。

因此，人类能在无污染的环境中生活，吸收无污染的清洁空气，饮用无污染的洁净水，食无污染的食物，就可以大大减少疾病，世代延年益寿。

（三）市场前景广阔

旺销的商品均不同程度地使用着绿色食品的标志，绿色食品正在成为一项新兴产业。据介绍，目前绿色食品产品开发已覆盖全国绝大部分省区，开发的产品大类包括粮食、食用油、水果、蔬菜、畜禽产品、水产品、奶类产品、酒类和饮料类产品等，其中初级农产品占 30%，加工食品占 70%。绿色食品已经显示出重要意义和广阔前景：一是收入增长引发了市场需求的变化，安全优质的绿色食品日益受到消费者的欢迎。二是农产品供求格局的变化引发了农业和农村经济结构的战略性调整，开发绿色食品成为结构调整的一个重要领域，目前绿色食品以每年 20%～50%的速度增长。三是西部地区开发战略的实施推动了绿色食品的发展。西部地区工业发展相对落后，环境污染程度较轻，具有适合绿色食品生产的自然条件，但缺少技术和资本，发展潜力很大。四是中国加入世界贸易组织对农产品生产和贸易产生了深刻影响，发展绿色食品将有助于提高我国农产品的市场竞争力。

（四）提高我国农产品在国际市场上的竞争力

我国高度重视农产品的质量和消费安全，为了满足城乡居民对高质量安全食品的需求，大力发展以无污染、安全、优质、营养为基本特征的绿色食品，按照"保护环境、洁净生产、健康消费、可持续发展"的思想，构造了由质量标准、监测检验、产品开发、商标管理、技术和市场服务组成的产业发展体系，取得了明显成效。从参与国际市场竞争的角度看，我国已成功加入 WTO，入世后农业竞争将是更加激烈的国内国际双重竞争。市场竞争说到底就是质量的竞争。谁的产品质量好，生产成本低，谁就有竞争力。无公害农产品价位高，市场广阔，市场销量越来越大。生产发展无公害农产品显然是增加农业经济效益的有效途径。因此，大力发展无公害农产品，提高农产品质量，是提高山区农业竞争能力，应对加入 WTO 后国际国内激烈竞争的必然选择，对于增创山区农业发展新优势，具有十分重要的意义。加入世界贸易组织后，我国农产品进入国际市场的大门虽然敞开了，但门槛并没有降低，非关税贸易壁垒的制约作用更加明显。许多国家对我国农产品的检测不仅由抽检变成了批批检，检验标准也有所提高。例如，韩国对我国出口蔬菜的检测，仅农药残留一项，最高时检测指标就有 200 多项。因此，决定农产品国际竞争力的根本因素不是价格，而是质量。

第二节　无公害果品生产的标准

果品与人类的生活密切关联，它是人类事物的重要来源之一，各种水果一般均富含糖类及脂肪、蛋白质、纤维素、有机酸等，它为人类的生存提供热量及营养；水果中所含有的多种微量元素和各种维生素，为人的生存提供必需的元素且有保健作用，有些水果还有重要的医疗效果。纵观人类发展历史，水果一直是人类发展水平、生活水平的重要标志。改革开放以来，我国人民的生活水平得到大幅度的普遍提高，温饱问题已经解决，全面建设小康社会势不可挡。随着人民生活水平的提高，人们对农产品的消费要求越来越高，因此，果品质量的好坏，特别是在安全性方面，对人民生活质量的提高和身体健康的影响会越来越大，因此生产无公害的果品已成为时代的需求和要求。

农业部从 2001 年开始组织实施"无公害食品行动计划"，力争用 5 年的时间，使大多数农产品及其加工产品的质量达到国家标准或行业标准，质量安全指标全部达到国家标准。初步形成一批具有一定市场竞争力的名牌产品；初步控制种植业产品生产基地的外部污染，基本控制农业自身污染，50%左右的农产品按标准组织生产，50%左右的农产品实现包装上市。

无公害果品的生产是有其严格标准和程序的，它主要包括环境质量标准、生产技术标准和产品质量检验标准，经考查、测试和评定，凡符合以上标准的方可称为无公害果品。绿色食品必须经由中国绿色食品发展中心的检测和审定，获准后发给绿色食品证书，并准许使用绿色食品标志。生产无公害果品还要和优质、高产结合起来，使其达到安全、优质、营养丰富的要求。

一、环境质量标准

无公害果品生产一定要选择好基地，周围不能有工矿企业，并远离城市、公路、机场、车站、码头等交通要道，以避免有害物质的污染，要对果园的大气、土壤、灌溉水进行监测，符合标准的才能确定为基地，这是生产无公害果品的基础条件。大气、土壤、灌溉水等环境质量应以农业环保部门的监测数据为准。

（一）大气监测标准

我国的农田大气污染状况随着工业、矿业和交通业的发展日益严重，尤其是工矿企业、公路，特别是高速公路附近的农田和果园受害更加严重。而各级政府或是企业往往在公路和高速公路附近建设各种农业科技园区，以追求形象效益。因此，在农业科技园区，特别是无公害农业生产基地的选择和建设中，一定要注意有害气体的污染问题。

根据《2000中国环境状况公报》报道，在监测的城市中，总悬浮颗粒物或可吸入颗粒物年平均值超过国家二级标准限值的达到61.6%，成为影响空气质量的主要污染物。20.7%的城市，其SO_2年平均值超过国家二级标准限值。人口集中、机动车较多的特大型城市氮氧化物污染相对较重。

大气污染主要包括二氧化硫、氟化物、臭氧、氮氧化物、氯气、碳氢化合物，以及粉尘、烟尘、烟雾、雾气等气体、固体和液体粒子。在果树设施栽培中，由于施肥等原因，也可能产生氨气、亚硝酸气体等有害气体。这些污染物既能直接污染伤害果树，影响果树的光合作用，破坏叶绿素，致使花、叶片和果实褐变和脱落，又会在植物体内积累，人们食用后会引起急慢性中毒。

大气监测可参照国家制定的《环境空气质量标准》（GB3095—2012）执行。环境空气功能区分为两类：一类区为自然保护区、风景、名胜区和其他需要特殊保护的区域；二类区为居住区、商业交通居民混合区、文化区、工业区和农村地区。一类区适用一级浓度限值，二类区适用二级浓度限值，质量要求见表1-2。

表 1-2　环境空气污染物基本项目浓度限值

污染物项目	平均时间	浓度限值		单位
		一级标准	二级标准	
颗粒物（粒径小于等于 10μm）	年平均	40	70	
	24h 平均	50	150	
颗粒物（粒径小于等于 2.5μm）	年平均	15	35	
	24h 平均	35	75	
二氧化硫	年平均	20	60	$\mu g/m^3$
	24h 平均	50	150	
	1h 平均	150	500	
二氧化氮	年平均	40	40	
	24h 平均	80	80	
	1h 平均	200	200	
一氧化碳	24h 平均	4	4	mg/m^3
	1h 平均	10	10	
臭氧	日最大 8h 平均	100	160	$\mu g/m^3$
	1h 平均	160	200	

（二）土壤标准

在人类的生产和生活活动中，所排出的有害物质进入土壤，影响农作物的生长发育，直接或间接地危害人畜健康的现象，称为土壤污染。土壤本身对污染有净化作用，但当人类的生产和生活活动造成的污染物在数量和速度上超过土壤净化能力时，就会造成土壤在生物、化学、物理特性上的恶化，直接影响植物的生长发育，直接或间接影响人畜健康。在传统的农业生产中，为了提高土壤肥力，人们向农田施用人粪尿作肥料，在提高土壤肥力的同时，也造成了污染。但这种污染在土壤自身的净化作用下，并没有明显的有害影响。而现代大工业、大农业把大量污染物排放到环境中，直接或间接地污染了土壤。

我国是耕地资源极其匮乏的国家，近年来其数量又在不断减少，并已成为限制农业可持续发展的重大障碍。另外，我国的土壤污染问题仍在不断恶化。尤其是在 21 世纪达到人口高峰期之前，我国粮食需求的增长和经济的高速发展，将会对土壤环境保护工作发出严峻的挑战。

1. **土壤污染的类型**　　土壤污染源主要有：①水污染，它是由工矿企业和城市排出的废水、污水污染土壤所致；污水灌溉等废弃物对农田已造成大面积的土壤污染，污水灌溉的农田面积已达 330 多万 hm^2。②大气污染，由工矿企业及机动车、船排出的有毒气体被土壤所吸附。③固体废弃物，由矿渣及其他废弃物施入土壤中造成的污染，其中工业"三废"（废水、废气、废渣）污染耕地有 1000 万 hm^2。④农药、化肥污染，土壤中的污染物主要是有害重金属和农药。目前我国受镉、砷、铬、铅等重金属污染的耕地面积近 2000 万 hm^2，约占总耕地面积的 1/5；另外，全国有 1300 万～1600 万 hm^2 耕地受到农药污染。

因此，果园土壤监测的必测项目是汞、镉、铅、砷①、铬 5 种重金属、六六六、滴滴涕两种农药及 pH 等。其中土壤中六六六、滴滴涕残留标准均不得超过 0.1mg/kg，5 种重金属的残留标准因土壤质地而有所不同，一般与土壤背景值（本底值）相比，具体可参阅中国环境质量监测总站编写的《中国土壤环境背景值》。

土壤污染程度的划分主要依据测定数据计算出的污染综合指数的大小来定，共分为 5 级：1 级（污染综合指数≤0.7）为安全级，土壤无污染；2 级（0.7～1）为警戒级，土壤尚清洁；3 级（1～2）为轻污染，土壤污染超过背景值，作物、果树开始被污染；4 级（2～3）为中污染，即作物或果树被中度污染；5 级（>3）为重污染，作物或果树受严重污染。只有达到1～2 级的土壤才能作为生产无公害果品基地。

2. 土壤污染的危害

1）土壤污染导致严重的直接经济损失。对于各种土壤污染造成的经济损失，目前尚缺乏系统的调查资料。仅以土壤重金属污染为例，全国每年就因重金属污染而减产粮食 1000 多万 t，另外被重金属污染的粮食每年也多达 1200 万 t，合计经济损失至少 200 亿元。对于农药和有机物污染、放射性污染、病原菌污染等其他类型的土壤污染所导致的经济损失，目前尚难以估计。但是这些类型的污染问题在国内确实存在，甚至也很严重。

2）土壤污染导致食物品质不断下降。我国大多数城市近郊土壤都受到了不同程度的污染，有许多地方的粮食、蔬菜、水果等食物中镉、铬、砷、铅等重金属含量超标和接近临界值。据报道，1992 年全国有不少地区已经发展到生产"镉米"的程度，每年生产的"镉米"多达数亿千克。仅沈阳某污灌区被污染的耕地已超过 2500hm^2，致使粮食遭受严重的镉污染，稻米的含镉浓度高达 0.4～1.0mg/kg（这已经达到或超过诱发"痛痛病"的平均含镉浓度）。

土壤污染除影响食物的卫生品质外，也明显地影响到农作物的其他品质。有些地区污灌已经使得蔬菜的味道变差、易烂，甚至出现难闻的异味；农产品的储藏品质和加工品质也不能满足深加工的要求。

---

① 由于砷的毒性及某些性质与重金属相似，因此将其列入了重金属范围

3）土壤污染危害人体健康。土壤污染会使污染物在植物体中积累，并通过食物链富集到人体和动物体中，危害人畜健康，引发癌症和其他疾病等。20 世纪五六十年代是第二次世界大战后日本经济腾飞时期。由于日本片面追求工业和经济的发展，加之当时对环境问题又缺乏应有的认识，因此在日本曾出现过一系列由于环境问题所导致的污染公害事件。1955 年至 20 世纪 70 年代初，在日本富山县神通川流域曾出现过一种称为"痛痛病"的怪病。其症状表现为周身剧烈疼痛，甚至连呼吸都要忍受巨大的痛苦。后来的研究证实，这种所谓的"痛痛病"实际上是由镉污染所引起的。其主要原因是当地居民长期食用被镉污染的大米"镉米"。到 1979 年为止，这一公害事件先后导致 80 多人死亡，直接受害者则更多，赔偿的经济损失也超过 20 多亿日元（1989 年的价格）。

目前，我国对这方面的情况仍缺乏全面的调查和研究，对土壤污染导致污染疾病的总体情况并不清楚。但是，从个别城市的重点调查结果来看，情况并不乐观。我国的研究表明，土壤和粮食污染与一些地区居民肝大之间有明显的关系。

4）土壤污染导致其他环境问题。土地受到污染后，含重金属浓度较高的污染表土容易在风力和水力的作用下分别进入大气和水体中，导致大气污染、地表水污染、地下水污染和生态系统退化等其他次生生态环境问题。北京市的大气扬尘中，有一半来源于地表。表土的污染物质可能在风的作用下，作为扬尘进入大气中，并进一步通过呼吸作用进入人体。这一过程对人体健康的影响可能有些类似于食用受污染的食物。因此，美国、澳大利亚、奥地利、中国香港等国家和地区的科学家已经注意到，城市的土地污染对人体健康也有直接影响。由于城市人口密度大，城市的土地污染问题比较普遍，因此国际上对城市土地污染问题开始予以高度重视。

3. 土壤污染的特点

1）土壤污染具有隐蔽性和滞后性。大气污染、水污染和废弃物污染等问题一般都比较直观，通过感官就能发现。而土壤污染则不同，它往往要通过对土壤样品进行分析化验和农作物的残留检测，甚至通过研究对人畜健康状况的影响才能确定。因此，土壤污染从产生污染到出现问题通常会滞后较长的时间。例如，日本的"痛痛病"经过了 10～20 年才被人们所认识。

2）土壤污染的累积性。污染物质在大气和水体中，一般都比在土壤中更容易迁移。这使得污染物质在土壤中并不像在大气和水体中那样容易扩散和稀释，因此容易在土壤中不断积累而超标，同时也使土壤污染具有很强的地域性。

3）土壤污染具有不可逆转性。重金属对土壤的污染基本上是一个不可逆转的过程，许多有机化学物质的污染也需要较长的时间才能降解。例如，被某些重金属污染的土壤可能要 100～200 年才能够恢复。

4）土壤污染很难治理。如果大气和水体受到污染，切断污染源之后通过稀释作用和自净化作用也有可能使污染问题不断逆转，但是积累在污染土壤中的难降解污染物则很难靠稀释作用和自净化作用来消除。土壤污染一旦发生，仅依靠切断污染源的方法往往很难恢复，有时要靠换土、淋洗土壤等方法才能解决问题，其他治理技术可能见效较慢。因此，治理污染土壤通常成本较高，治理周期较长。

（三）灌溉水标准

果园灌溉水要求清洁无毒，并符合国家《农田灌溉水质量标准》（GB 5084—2005），其主要指标是：pH 为 5.5～8.5，总汞≤0.001mg/L，总镉≤0.005mg/L，总砷≤0.1mg/L（旱作），总铅≤0.1mg/L，铬（六价）≤0.1mg/L，氯化物≤250mg/L，氟化物≤3mg/L（高氟区）、2mg/L（一般区），氰化物≤0.5mg/L。除此以外，还有细菌总数、大肠菌群、化学耗氧量、生化耗氧量等项。

二、生产技术标准

在果品生产过程中要控制农事操作造成的人为污染，对整地、施肥、灌溉、套袋、病虫害防治、农药使用、采果、选果等田间管理的各个环节，都要从严掌握，不得因人力措施处理不当而造成新的污染。为此要按照无公害果品的生产要求，因地制宜地制定出生产技术操作规程。安全、无污染是无公害果品的一个重要指标，在果品生产的诸多农事操作措施中，最易造成污染的就是农药和肥料，特别是农药。在果树生产中，农药和肥料是造成果品污染、影响果品食用安全的主要原因。在无公害果品生产中，应严格控制农药和肥料的投入，一旦发现污染，果品达不到卫生标准的要求，要立即取消无公害果品生产基地的认证证书，其果品不能继续使用无公害食品标志。

（一）农药的使用原则

无公害果品的病虫害防治应以改善果园生态环境、加强栽培管理为基础，优先选用农业防治、人工防治和生物防治，注意保护和利用天敌，充分发挥天敌的自然控制作用，有选择性地使用化学农药，改进施药技术，最大限度地减少农药的使用量和使用次数。

1. 禁止使用的农药　　无公害果品生产中禁止使用剧毒、高毒、高残留农药和致畸、致癌、致突变农药。根据中华人民共和国农业部第 199 号公告（2002

年 5 月 20 日），国家明令禁止使用六六六、滴滴涕、毒杀芬、二溴氯丙烷、二溴乙烷、杀虫脒、除草醚、艾氏剂、狄氏剂、汞制剂、敌枯双、氟乙酰胺、甘氟、毒鼠强、氟乙酸钠、毒鼠硅、砷类、铅类等 18 种农药，并规定甲胺磷、甲基对硫磷、对硫磷、久效磷、磷铵、甲拌磷、甲基异柳磷、特丁柳磷、甲基硫环磷、治螟磷、内吸磷、克百威、涕灭威、灭线磷、硫环磷、蝇毒磷、地虫硫磷、氯唑磷、苯线磷等 19 种农药不能在果树上使用。另外，无公害果品的产品标准中还规定倍硫磷、马拉硫磷不得检出。

2. 允许使用的农药

（1）生物源农药

1）微生物源农药。农用抗生素，如防治真菌病害的灭瘟素、春雷霉素、多抗霉素（多氧霉素）、井冈霉素、农抗 120、中生菌素等；防治螨类的浏阳霉素、华光霉素等。活体微生物农药，如真菌剂（如蜡蚧轮枝菌）、细菌剂（如苏云金杆菌、蜡质芽孢杆菌）、拮抗菌剂、昆虫病原线虫、微孢子、病毒（如核多角体病毒）。

2）动物源农药。昆虫信息素或昆虫外激素（如性信息素）、活体制剂（如寄生性、捕食性天敌动物）。

3）植物源农药。杀虫剂（如除虫菊素、鱼藤酮、烟碱、植物油）、杀菌剂（如大蒜素）、拒避剂（如印楝素、苦楝素、川楝素）、增效剂（如芝麻素）。

（2）矿物源农药

有无机杀螨杀菌剂，如硫制剂（如硫悬浮剂、可湿性硫、石硫合剂）、铜制剂（如硫酸铜、王铜、氢氧化铜、波尔多液）；矿物油乳剂，如柴油乳剂等。

（3）部分化学农药

昆虫生长调节剂，如灭幼脲类（如除虫脲、灭幼脲 3 号）、酰基脲类（如卡死克）、扑虱灵（又称优得乐、环烷脲）；选择性杀虫、杀螨剂，如抗蚜威（又称辟雾蚜）、吡虫啉（又称蚜虱净、灭虫精）、螨死净（又称阿波罗、死螨嗪）、尼索朗、三唑锡（又称倍乐霸）；选择性杀菌剂，如多菌灵、代森锰锌、大生 M-45、喷克、扑海因（又称异菌脲）、三唑酮（又称粉锈宁、百里通）。

3. 病虫害防治原则

1）重视果树发芽期的化学防治：果树萌芽期，在树体上越冬的大部分害虫已经出蛰，并上芽为害。此时喷药治虫有 4 个方面的优点：一是大部分害虫都暴露在外面，又无叶片遮挡，容易接触药剂；二是经过冬眠的害虫，体内的大部分营养已被消耗，虫体对药剂的抵抗力明显降低，触药后很容易中毒死亡；三是天敌数量较少，喷药不影响其种群繁殖；四是省药省工。

2）果树生长前期不用或少用广谱性杀虫剂：果树生长前期是害虫发生初期，也是天敌数量增殖期。在这个时期喷施广谱性杀虫剂，虽能消灭害虫，但也消灭了天敌，而且消灭害虫的比率远远小于天敌，往往使天敌一蹶不振，其种群在果树生长期难以恢复。事实证明，果树生长前期少喷或不喷广谱性杀虫剂，有利于保护天敌，能够将害虫密度控制在不造成经济损失的水平上。

3）推广使用生物杀虫剂和特异性杀虫剂：生物杀虫剂和特异性杀虫剂对人、畜毒性极低，在植物体内容易降解，无残留，对天敌昆虫比较安全。目前，我国在果树害虫防治上用得较多的生物杀虫剂和特异性杀虫剂主要有华光霉素、苏云金杆菌、白僵菌、灭幼脲 3 号和杀铃脲等。

4）改变施药方法：化学农药的施用方法主要是喷雾。对于害虫来说，如果根据其生物学习性，采用其他施用方法如地面施药、树干涂药等，就会减少对非目标生物的影响。地面施药已成为防治桃小食心虫的主要措施，树干涂药是防治刺吸式口器害虫如蚜虫的有效方法。

（二）肥料的使用原则

无公害果品生产必须以有机肥和配方施肥为主，尽量减少和限制化肥的施用量，以增加土壤有机质含量，提高土壤保肥保水能力。基肥主要以农家肥如鸡粪、圈肥、厩肥或绿肥为主，配合部分速效化肥如过磷酸钙、微量元素肥料等。施肥时根据不同果树可采用放射状沟施、环状沟施或条状沟施，这样不仅增加了肥力，还深翻了土壤，极有利于促进根系的生长。追肥主要是以有机肥和化肥合理混合使用，花前施含氮高的肥，花后施氮、磷、钾及微量元素较充足的肥。追肥方法可采用放射沟、穴施、叶面喷施或输液法。此外，采用果园覆草也是提高果品产量与质量的可行措施，即用作物秸秆、杂草为原料在树盘覆草 15～20cm。因此，在无公害果品生产中，应根据土壤肥力和树种的需肥规律，确定施肥种类和施肥量，提倡配方施肥。商品肥料必须通过国家有关部门的登记认证及生产许可，质量指标应达到国家有关标准的要求。禁止使用未获准登记的化学合成肥料产品，确保所使用的肥料不对果品和生产环境产生不良影响。

1. 禁止使用的肥料

1）未获准登记认证及生产许可的肥料产品。

2）含氯复合肥和硝态氮肥（如硝酸铵等）。

3）未经无害化处理的城市垃圾或含有重金属、橡胶和有害物质的工业和生活废物。

2. 允许使用的肥料

1）有机肥料：是指含有大量生物物质、动植物残体、排泄物、生物废物等物质的肥料。主要有：①农家肥，包括堆肥、沤肥、沼气肥、绿肥、泥肥、饼肥、作物秸秆等；②有机商品肥，包括氨基酸类肥、腐殖质类肥、有机复合肥、有机叶面肥、微生物肥等；③其他有机肥，不含化学添加剂的食品和纺织工业的有机副产品、不含防腐剂的鱼粉、牛羊毛废料、骨粉、骨胶废渣、氨基酸残渣、家禽和家畜加工废料等经过加工制作，质量达到国家有关标准的要求。

2）无机肥料：①矿质肥，煅烧磷酸盐、硫酸钾等；②化肥，通过国家有关部门的登记认证及生产许可，质量指标应达到国家有关标准的要求，确保不对果品和生产环境产生不良影响的化学合成肥料。

3. 肥料使用原则

1）提倡使用有机肥料、商品有机肥料、微生物肥料。在禁止使用含氯复合肥和硝态氮肥的前提下，允许按如下两条原则使用化学肥料。

2）化肥必须与有机肥配合施用，无机氮施用量不宜超过有机氮用量。化肥也可与有机肥、复合微生物肥配合施用，配方为厩肥 1000kg、尿素 5～10kg，或磷酸二铵 20kg、复合微生物肥料 60kg，最后一次追肥必须在收获前 30d 进行。

3）禁止使用未经无害化处理的城市生活垃圾和工业废物。城市生活垃圾和工业废物一定要经过无害化处理，质量符合 GB 8172—1987 要求才能使用。每年每公顷果园限制用量，黏性土壤不超过 45 000kg，砂性土壤不超过 30 000kg。

4）农家肥料原则上就地生产就地使用，外来农家肥料应确认符合要求后才能使用。农家肥料无论采用何种原料制作堆肥，必须高温发酵，以杀灭寄生虫卵、病原菌和杂草种子，使之达到无害化卫生标准。对于高温堆肥，要求堆肥温度最高达 50～55℃，持续 5～7d；蛔虫卵死亡率为 95%～100%；有效地控制苍蝇孳生，肥堆周围没有活的蛆、蛹或新羽化的成蝇。对于沼气肥，要求密封贮存期 30d 以上；高温沼气发酵温度（53±2）℃，持续 2d；寄生虫卵沉降率在 95% 以上；粪液中不得检出活的血吸虫卵和钩虫卵；沼气池残渣经无害化处理后方可使用。

三、产品质量检测标准

当前，我国果品生产中农药残留量超标和有害化学成分过量是限制果品出口的主要原因。据统计，杀虫剂中有机磷农药占 70%，而有机磷农药中高毒品种约占 70%。1998 年，农药残留检验不合格的出口农产品被退货金额达 74 亿美元。为了加快果业产业化，扩大果品出口，国家积极采取措施禁止生产和使用某些农药和化肥，逐步建立与国际市场接轨的果品质量监测、检验标准体系，中国绿色食品发展中心发布了《绿色食品标准》，各果产区针对不同树种、品种，特别是名品陆续制定了无公害果品或绿色果品生产标准或规范化生产的地方性法规。

（一）果品安全性测定

安全性测定主要是根据绿色食品标准或国家标准检测果品中的有害重金属和农药残留量。若以上两个标准中没有的，则可参照国际标准确定是否超标。重金属中铜、锌、汞、铬、铅、镉、砷和果树中常用农药及六六六、滴滴涕都是必检项目。绿色食品标准规定的残留指标一般均高于国家标准，无公害果品可按照国家标准执行。果品中有害物质残留量的测定，应以国家指定的测试部门测定的数据为准。

（二）果品商品性测定

无公害果品以其安全、优质、营养丰富为特色，有很大的市场潜力，因此对其商品性要求较高，除了要达到无污染指标外，还要根据果实大小、色泽好坏分出果品等级。外观要洁净，果品质量的理化指标要达到标准，包装材料要符合清洁、无毒、无异味的要求，果箱设计精美。另外，还要注意在贮藏、运输和销售过程中不能造成二次污染。这样的商品在市场上才有较强的竞争力。

四、无公害果品生产的病虫害防治技术

无公害果品生产的病虫害防治强调执行"预防为主，综合防治"的方针，因地因时制宜，合理运用农业、化学、生物等方法，把害虫控制在经济受害允许的水平之下，以达到生产无公害果品的目的。

（一）注重应用农业防治措施

1）及时清理果园：大多数果树病虫在枯枝、落叶、树皮和杂草中越冬，因此清理果园能有效控制病虫来源。具体做法可视具体情况而定。例如，把杂草和落叶进行深埋；仔细刮除果树的粗皮、翘皮，并在树下铺塑料布，以便集中深埋或烧毁剪除的果树病枝、枯枝，并移出果园进行烧毁等。

2）注重选用高抗性良种：以往的果品生产主要侧重于优质、高产，而不够重视品种的抗性。随着绿色食品的推出，要求品种本身就要有较强的抗性，以减少病虫害等灾害形成的机会，因此选用耐病虫、抗旱、抗寒的果树良种是生产无公害果品不可缺少的措施之一。

（二）合理使用化学农药

按照国家《生产绿色食品的农药使用准则》的要求，严禁使用"两高三致"（即高毒、高残留、致癌、致畸、致突变）的化学农药，限制使用全杀性、高抗性农药，严格控制使用激素药剂。主要选择使用石硫合剂、波尔多液、甲托等高效低毒、低残留杀菌剂。在使用农药上要注意对症下药、适期用药。此外，还应改进喷药方法，如用静电喷雾技术，该方法喷雾均匀，而且药液附着力强，杀死病虫害的效果明显，同时可以有效减少农药的使用量及使用次数。

（三）积极使用生物防治措施

1）天敌的利用：我国农田天敌群落很丰富，应加以保护利用。例如，在果园种植蜜源作物和牧草，有利于改善天敌的生存环境，增加其食料来源，提高种群数量，达到控制害虫的目的。对于防治效果好的天敌可进行人工繁殖，并适时释放。在有外来害虫发生时，可考虑引进天敌进行防治。

2）微生物农药的利用：近年来，微生物农药发展很快，在果树防治中可选用的微生物农药有多角体病毒（NPV）、颗粒体病毒（GV）、苏云金杆菌、白僵菌、绿僵菌等。通过以上病虫害综合防治措施的实施，优质果率能达到85%以上。

五、无公害果品生产的关键技术

农业部从2001年开始组织实施"无公害食品行动计划"，力争用5年的时间，使大多数农产品及其加工产品的质量达到国家标准或行业标准，质量安全指标全部达到国家标准。初步形成一批具有一定市场竞争力的名牌产品；初步控制种植业产品生产基地的外部污染，基本控制农业自身污染，50%左右的农产品按标准组织生产，50%左右的农产品实现包装上市。2002年，农业部农产品质量安全中心将苹果、柑橘、香蕉、芒果、鲜食葡萄、梨、草莓、猕猴桃、桃和西瓜10种水果列入《第一批实施无公害农产品认证的产品目录》，这些果品的无公害产品标准、生产基地环境条件及生产技术规程已经制定并颁布实施。现将无公害果品的技术要求总结如下。

（一）园地选择

要保证无公害果品的质量，防止人类生产和生活废物对无公害果品产地的污染,就必须选择符合无公害果品产地环境条件要求的果园。无公害果品生产果园应选择在:生态条件良好;远离工矿区和公路铁路干线;避开工业和城市污染源的影响;具有可持续生产能力的地区。建立无公害果品生产基地时,应该先请环保部门监测基地的大气、水质、土壤等各项指标,是否符合该种果品的产地环境条件要求。

（二）品种选择

无公害果品的品种选择,既要考虑消费市场的需求,品质优良,适销对路,又要选栽抗病、抗虫、耐旱、耐寒、耐瘠薄的品种,以减少生产过程中农药和肥料的投入。

（三）控制农药污染

在果树生产中,农药是造成果品污染、影响果品食用安全的主要原因。在无公害果品生产中,病虫害的防治应以改善果园生态环境、加强栽培管理为基础,优先选用农业防治、人工防治和生物防治措施,注意保护和利用天敌,充分发挥天敌的自然控制作用。改进施药技术,最大限度地减少农药的使用量和使用次数,提倡使用矿物源和生物源农药,有选择性地使用长效、低毒、低残留的化学农药,严禁使用剧毒、高毒、高残留和致残、致畸、致突变的化学农药。

（四）控制肥料污染

无公害果品生产中,应根据土壤肥力和树种的需肥规律,确定施肥种类和施肥量,提倡配方施肥。提倡使用有机肥料、商品有机肥料、微生物肥料。农家肥料无论采用何种原料制作堆肥,必须高温发酵,以杀灭寄生虫卵、病原菌和杂草种子,使之达到无害化卫生标准。禁止使用未经无害化处理的城市垃圾或含有重金属、橡胶和有害物质的生活废物。城市生活垃圾一定要经过无害化处理,质量符合 GB 8172—1987 要求才能使用。

（五）加强栽培管理

无公害果品生产,要加强土、肥、水管理,提高果树的抗病虫害能力,以减少农药的投入。合理整形修剪,疏花疏果,控制负载量。提倡果实套袋,减少农药和肥料对果实的直接污染。有条件的果园可以采用摘叶转果、铺反光膜等措施,全面提高果品质量。

（六）控制贮藏和销售过程中的污染

适时采收，以提高果实的货架寿命和贮藏质量。以往果品采后防腐主要以使用化学杀菌剂为主，但这不符合绿色食品的要求。无公害果品防腐保鲜需采用安全的方法，包括物理方法和生物方法。物理方法主要是调节贮藏环境的温度、气体成分等，如采前高温处理、适宜的低温贮藏、臭氧处理、低氧气、高二氧化碳的气调环境、减压贮藏等方法，生物方法主要是应用一些有防腐保鲜作用的植物提取物及采用拮抗微生物等。贮藏过程中尽量减少防腐剂、保鲜剂对果品的污染，尽量采用气调、冷藏保存果品。保证采收、贮藏及运输设备卫生、洁净、密闭，减少微生物及外界环境对果品的后期污染。

第二章　优质基础：选好良种

第一节　苹果概述

苹果属蔷薇科（Rosaceae）仁果亚科苹果属（*Malus*）。苹果属植物，全世界约有 35 种，原产于我国的有 22 种，其中有的是重要的栽培种，有的可供砧木用，有的则为观赏植物。世界苹果品种有 8000 个以上，而经济栽培的品种只有 100 多个。中国在 20 世纪 60 年代以前，各地栽培品种有 30 个以上，80 年代有 20 个左右，以'国光''金冠'元帅系及'红玉'等为主，共占 60%以上；近年来，富士系、'元帅'及其短枝型发展较快，'秦冠''辽伏'等品种也有所增加。

一、苹果简介

苹果是落叶果树的主要栽培树种之一，也是世界上栽培面积较广、产量较多的树种之一。目前，全世界苹果年总产量为 7200 万 t 左右，与柑橘、葡萄、香蕉一起为世界上的四大果树，2011 年，全国栽培面积有 3208 万亩①，产量为 3325 万 t，分别占世界苹果总量的 3/7（42.9%）和 2/5（40%）以上。苹果产业收入 1000 亿元，亩收益达 3500 元。苹果的果实色泽艳丽（有绿色、红色、黄色），果实品质风味好，酸甜可口，清香爽脆，含有丰富的营养物质，其中总糖量为 10%～17%，有机酸为 0.3%～0.6%，蛋白质、氨基酸为 0.3%～0.4%，矿质占干重的 0.2%～0.3%（主要为 K、P、Ca、Mg，称碱性食品，可平衡体内营养，肉蛋奶为酸性食品），维生素 C 为 2～30mg/100g，还含有维生素 A、核黄素等。苹果品种多，适应性强，成熟期自 7 月中下旬开始直至 11 月。一些晚熟品种较耐贮运（气调贮藏），市场周年供应。苹果属于高产树种，经济寿命长，经济价值高，在促进农村经济繁荣、帮助贫困地区脱贫致富中起了重要作用。2005 年，苹果出口 82.4 万 t；2012 年，苹果出口 156 万 t；2014 年，苹果出口 89 万 t。苹果除鲜食外，还可加工制成果汁（浓缩果汁、果肉原汁、苹果原汁）、果醋、果干、果脯、果酱、糖水罐头、果酒等多种食品和饮料。2005 年，浓缩汁出口 64.9 万 t；2010 年，加工量为 850 万 t，占总产量的 20%，生产浓缩汁 98.6 万 t；2012 年，浓缩汁出口 86.4 万 t，占世界出口贸易的

---

① 1 亩≈666.7m²

55%以上，成为世界浓缩苹果汁生产和出口第一大国。2014 年，苹果栽培面积为 3408 万亩，产量为 3826 万 t，占水果总量的 26.86%，对改善生态环境发挥了巨大作用。

二、栽培现状、存在问题及发展目标

苹果是一种经济利用年限较长、经济效益好的高产树种，是我国加入世界贸易组织后为数不多的具有明显国际竞争力的农产品之一。苹果已成为我国北方一些主产区农村经济的支柱产业之一，在推进农业结构调整、增加农民收入及促进出口创汇等方面发挥着重要作用。

（一）栽培现状

1. 世界栽培现状　　全世界有 88 个国家和地区栽培苹果，世界上已育成的苹果品种有 8000 多个，但生产中广泛栽培的品种只有几十个。在世界范围内，产量份额超过 1% 的苹果品种有 12 个。按照产量由大到小依次为元帅系、'金帅'、富士系、'澳洲青苹'、'乔纳金'、嘎拉系、'红伊达'、'红玉'、'瑞光'、'旭'、'伊思达'、'布瑞本'。2011 年，世界苹果平均单产为 964.5kg/亩。其中，奥地利苹果单产最高，为 5350.17kg/亩；排名前 10 位的国家其他的依次为瑞士、比利时、意大利、荷兰、利比亚、智利、新西兰、法国和斯洛文尼亚，单产均在 2300kg/亩以上。中国苹果单产为 1032.5kg/亩，居世界第 32 位，虽然高于世界平均水平，但与先进国家相比还有很大差距。

亚洲：主要包括中国、伊朗、印度、日本、韩国、朝鲜、巴基斯坦等。以日本、韩国品种发展较为先进。日本目前以 '富士''津轻''王林''乔纳金' 作为四大主栽品种，约占 87.4%。我国 '富士' 苹果占全国的 60%～70%。

欧洲：主产国包括法国、意大利、德国、西班牙、荷兰，以及东欧的波兰、俄罗斯、乌克兰、罗马尼亚、匈牙利等。'金冠' 仍是欧洲第一大主栽品种，是世界上 '金冠' 苹果栽培最大的区域，产量占其总产量的 40%；其次是 '嘎拉'、'乔纳金'、元帅系和 '澳洲青苹'。

北美洲：主要包括美国、加拿大和墨西哥。加拿大目前仍以 '旭'、元帅系、'斯巴坦' 等作为主栽品种。美国以 '蜜脆'、'嘎拉'、元帅系、'金冠' 和 '富士' 作为主栽品种，占总产量的一半以上。

南美洲：主产国主要包括阿根廷、智利、巴西、秘鲁等。阿根廷和智利的苹果生产趋势与美国华盛顿州相似，元帅系苹果约占 20%，其他品种占 10%，新建园主要以 '富士' 和 '嘎拉' 为主，'勃瑞本' 和 '乔纳金' 也有栽培。

大洋洲：主要包括新西兰和澳大利亚。新西兰有 60% 外销。主要品种有 '嘎拉'、'勃瑞本'、'富士'和'乔纳金'。近年来发展的'太平洋玫瑰'、'南方脆'品种产量逐年增加。澳大利亚以'澳洲青苹'、元帅系、'嘎拉'、'金冠'等品种为主，近年来积极发展'粉红女士'。

2. 我国栽培现状

2005 年，我国栽培面积有 2835 万亩，占世界栽培面积的 2/5，产量为 2406万 t，占世界苹果总产量的 1/3，产值 450 亿元，出口创汇 7.64 亿美元。2014 年，栽培面积为 3420 万亩，产量为 3826 万 t，产值 1000 亿元。

（1）苹果产量稳步增长，质量不断提高　　由数量扩展型向质量效益型转变，面积由 1996 年的 4480 万亩降至 2005 年的 2835 万亩，减少了 37%，增产 60%。

（2）栽培区域逐步集中，品种结构明显改善　　我国是世界上第一大水果生产国，其中苹果的栽植面积最大。我国的苹果栽植主要分布在四大产区：渤海湾、黄土高原、黄河故道、西南凉冷高地。25 个省区产区分为四大产区。且优质品种比例大幅提高，在 70% 以上，其中'红富士'占 60.6%，元帅系占 9.7%，'嘎拉'占 8.8%，'金冠'占 6.2%，'乔纳金'占 3.0%，其他占 11.7%。

（3）产业化水平不断提高，贸易量持续增长　　我国已有分级包装生产线 50条，冷藏量 700 万 t（30%），加工量 700 万 t（20%）。2001 年出口 30 万 t（320 美元/t），2009 年出口 112 万 t（480 美元/t），2012 年出口 136 万 t（550 美元/t）。

（4）生产技术繁杂，效率低下　　正常情况下，一个技术熟练的壮劳力一般只能管理 2.0～3.0 亩苹果园，生产效率只有苹果生产先进国家的 5%～10%。

（5）标准化生产程度低　　欧、美、日、澳等先进国家或地区的苹果产业均以安全、优质、高效为目标，综合运用现代生物学、生态学、生理学原理和栽培技术，形成了现代苹果矮砧密植标准化生产技术、水果综合生产技术（IFP）制度、病虫害综合防治技术（IPM）、果园精确化施肥技术（PFS）、水果质量保证制度体系（FQA）、养分资源综合管理技术、有机果品栽培技术等，促进了产业的可持续发展。

与先进国家相比，我国在苹果安全高效标准化生产方面存在着较大差距，与国际标准及市场接轨的技术基础还比较薄弱，栽培技术、采收指标、果品质量标准、采后处理等都没能实现规范统一。

（6）生产设施简陋、缺乏适用机械装备　　缺乏水、电、路、渠等配套生产设施和施肥、喷药、灌溉、修剪、采收、防灾（旱灾、霜冻、鸟害等）等机械装备，机械化管理水平很低，抵御自然灾害能力十分薄弱。

（二）存在问题

当前，我国苹果产业效益好，产业化水平高，为广大农民增收做出了贡献。

但面对国内外苹果产业的挑战与机遇，苹果产业的效益仍然有巨大的潜力，栽培技术仍然有很大的改进空间。当前我国苹果生产存在的问题：一是长期以来采用乔砧密植栽培方式，导致果园郁闭，果实品质不均匀，果园机械化程度很低，需用大量劳动力。随着劳动力的减少和劳动力价格的增加，必须减少劳动量，才能提高果园的经济效益，苹果产业才能可持续发展。二是果园老化，树体衰弱，缺乏更新技术。三是品种单一，苗木质量差，苗木制度不健全，苗圃缺乏监管。四是果园长期过量不平衡施用化肥，导致果园土壤酸化，土壤有机质含量始终很低。五是长期以来采用套袋栽培，随着劳动力价格的不断增加，苹果生产成本不断上升。六是缺乏地方苹果品牌。

（三）发展目标

与其他生产国相比，我国苹果生产有明显的竞争优势。西北黄土高原与渤海湾是世界最大苹果适宜产区，与美国、法国、新西兰等各产区相近，西北黄土高原海拔高、光照足、温差大，生态条件优越。

总量规模面积占世界的 44%，产量占世界的 38%，我国苹果品种有 200 个，各国主栽品种都有，争取优势区域苹果产量由占全国总产的 76.5% 提高到 85% 以上，优质果率由 30% 提高到 50% 以上，平均单产由 900kg/亩提高到 1500kg/亩，达到更大的规模优势。

美国苹果成本为 2.0 元/kg，我国为 1.0 元/kg。我国出口价格为 300～500 美元/t，比世界均价低 39%，比新西兰低 85%，比美国低 69%，比法国低 64%，以保证我国的价格优势。

争取高档苹果由 80 万 t 提高到 120 万 t，出口量从占世界的 6% 提高到 15%。

争取贮藏能力由 20% 提高到 50%，冷藏和气调贮藏达 30% 和 10%。

争取初步形成冷链系统，冷链运输量达到商品果总量的 20% 以上；商品化处理能力由 2% 提高到 20%，加工能力由不到 10% 提高到 20% 以上。

三、生物学特性

苹果是落叶乔木，有较强的极性，通常生长旺盛，树冠高大。一般管理条件下，嫁接在乔化砧上的苹果树株高为 5～6m，而嫁接在矮化砧上的只有 3～4m。苹果树栽后 3～5 年开始结果，经济寿命在一般管理条件下为 15～40 年。

（一）根系

苹果根系没有自然休眠期，在一年之内只要有满足根系生长的条件，可全年不停地生长。但在北方一般栽培条件下，通常在春季能有 2～3 个月的时间生长，秋季有 1.5～2 个月的时间生长。又由于各地自然条件不同，根系的生长可能有一两个或几个生长高峰。根系的生长活动又常与地上部各器官的形成和光合产物的分配状况有关。苹果根系的垂直和水平分布，常依砧木种类、土壤性质、地下水位高低和栽培技术而有所不同。

苹果根系垂直分布多在 1m 以内。土壤疏松时，少数骨干根有 4～6m；水平分布常大于树冠，80%以上的根系分布在树冠以内，幼树期更明显。由于砧木不同，春季土温上升到 3～7℃时开始生长，20～25℃最适宜新根发生，超过 25℃新根老化快。土壤通气不良，含氧量低于 5%时，根系生长受抑制，机能减退，严重时导致叶片变黄脱落。土温低于–10℃时根系受冻。最适宜的土壤湿度为土壤田间最大持水量的 60%～80%。当土壤湿度降到一定程度时，即使其他条件都适宜，根也要停止生长。苹果喜微酸性到中性土壤，适宜 pH 为 5.5～6.7，pH4 以下生长不良，pH7.8 以上常发生严重的失绿现象；土壤含盐总量在 0.13%以下生长正常，0.28%以上受害重。苹果最适于土层深厚、富含有机质、心土通气排水良好的沙质土壤。酸性土壤易缺磷、钙、镁，碱性土壤中铁、硼、锰的可给性低，因此会导致苹果出现缺素症。

（二）苹果的芽、枝和叶

1. 叶芽　　当春季日夜平均温度达 10℃左右时，叶芽即开始萌动，一般'金冠''元帅''红星'的萌芽温度为 10℃，'印度''红魁''鸡冠'等则为 9℃左右，而'国光'则为 12℃。由于日夜平均温度是影响萌芽早迟的主要因素，因此不同地区、不同年份，苹果品种萌芽期的先后顺序都是完全相同的。苹果芽萌发力的强弱，常因品种不同而有差异。例如，'元帅''红星''红冠''红玉''祝'等都是芽萌发率很强的品种，一般都在 60%以上，'国光''甜香蕉''祥玉'等都是萌发力弱的品种。萌发力弱的品种，形成的潜伏芽数量多，潜伏芽的寿命也较长。例如，'国光'比'红玉'的潜伏芽多，寿命也长。因此，更新复壮时，'国光'比'红玉'较容易发生徒长枝，所以老枝易于更新。此外，'黄魁''甜黄魁''辽伏''鸡冠''祝'等品种的芽具有早熟性，相对更容易形成花芽，植株开始结果年龄早。

2. 枝干和枝组　　苹果枝干的生长具有明显的层性，由于各品种萌发力与成枝力的强弱不同，层性明显的程度也有差异。凡成枝力强（中截生长枝能生成 4～5 个长枝）的品种，树冠层性相对较弱，树冠枝条密度比较大。成枝力弱（中截生长枝能生成 2～3 个长枝）的品种，如'国光'，树冠层性表现较强，枝条密度比较小。成枝力中等（中截生长枝能生成 3～4 个长枝）的品种，如'元帅'，层性表现居于前两者之间。

　　一般幼树期的枝条生长强旺，层性表现明显。树龄增大达结果期以后，枝条年生长量逐渐减弱，层性也随之减弱。根据层性特点，苹果多用疏散分层形。

　　苹果叶芽萌发成新梢。新梢生长的强度，常因品种和栽培技术的差异而不同，一般幼树期及结果初期的树，其新梢生长强度大，为 80～120cm；到盛果期，其生长势显著减弱，一般为 30～60cm；到盛果末期，新梢生长长度就更加减弱，一般在 20cm 左右。

　　大部分苹果产区新梢常有两次明显的生长，第一次生长的称为春梢；第二次延长生长的称为秋梢。春、秋梢交界处形成明显的盲节。自然降水少、春旱、秋雨多的地区，如辽宁的朝阳地区（年降雨量为 200～300mm），春季没有灌溉条件的果园，往往是春梢短而秋梢长，且不充实，对苹果的生长发育极为不利。春旱但有灌溉条件的果园，则苹果新梢能正常生长发育。

　　生长季较长的华北地区，秋梢能及时停止生长而且充实健壮的，多易形成腋花芽，有利于幼树提早结果和结果树的年年丰产，尤其是那些早、中熟品种，如'甜黄魁''辽伏''祝'等，秋梢腋花芽较多。凡生长季供水适当的苹果园，幼树新梢中部往往没有很明显的盲节，终年生长不停，或仅有较短的秋梢，而盛果期树及老树，一年中常仅有一次春梢生长，没有秋梢。影响苹果新梢加长、加粗生长的主要因子是枝芽异质性、顶端优势、枝芽的方位等。

　　枝组是果树生命周期中在树冠各级骨干枝上不断发生、不断衰老死亡的小侧枝组成的各个群体，是树冠中生长与结果的基本单位。生产上枝组的大小，是按分枝量、枝组长、枝组基部粗的数量大小而定，并由于产地条件、修剪技术等措施不完全相同而有差异，所以各地区枝组大小的分类也不一样。

　　3. 叶和叶幕　　叶原始体开始形成于芽内雏梢。芽萌动生长，胚状枝伸出芽鳞外，开始时节间短，叶型小，以后节间逐渐加长，叶型增大，一般新梢上第 7～8 节的叶片才达到正常标准叶片的大小。叶片大小影响叶腋间芽的质量，叶片大、光合机能强的，其叶腋的芽也相对比较充实饱满。新梢上叶的大小不齐，形成腋芽充实饱满的程度也各不相同，因而形成了芽的异质性。叶的年龄不同，其对新梢生长所起的作用也不同。近年来的实验结果表明，在幼嫩的叶子内产生类似赤霉素的物质，促使新梢节间的加长生长。如果把幼嫩叶子摘除，就会使正在加长生长的节间较短。成熟的叶子内制造有机养分，这些营养物质与生长点的生长素一起，导致芽外生的叶和节的分化、增长，使新梢延长生长。成熟的叶片还能产生脱落酸（休眠素），起到抑制嫩叶中形成赤霉素的作用，如果把新梢上成熟的叶子摘除，虽然促进了新梢的加长生长，但并不增加节数和叶数。由此可见，新梢的正常生长是成熟叶和嫩叶两者所合成物质的综合作用。所以在生产上必须时刻重视保护叶片，才能获得新梢的正常生长。

　　叶幕的结构与苹果的生长发育和产量有密切的关系。其关键在于叶幕的光合效能。从生产实践来看，叶幕厚度以 1.5～2m 为宜，过厚时树冠内膛光照不足，内膛枝不能形成花芽枝组，容易枯死，反而缩小了树冠的生产体积。

（三）苹果的物候期

萌芽期：苹果花芽一般日温度达 8℃以上开始萌动。开花期：1 个单花开放时间有 2～6d，1 个花序为 1 周左右，1 棵树为 10～15d，开花最适温度为 17～18℃。果实发育成熟期：受精后花托及子房同时加速细胞分裂，经 3～4 周，细胞分裂终止，然后转向细胞体积增大，直至成熟前停止。果实底色由绿变黄，香气增加，进入生理成熟。落叶期：当旬平均温度低于 10℃，日照缩短到 12h，开始准备落叶。中国的西北、东北和华北苹果落叶在 11 月，西南地区在 12 月。一般年平均温度为 7.5～14℃的地区均可栽培苹果。大苹果在冬季最冷月旬平均低于-12℃或绝对低温达-30℃以下时发生严重冻害，-35℃即冻死；小苹果可耐-40℃的低温。冬季需要≤7℃温度 1000h 左右的低温，才能满足苹果顺利通过休眠期对低温的要求。苹果生长期（4～10 月）平均气温 12～18℃，夏季（6～8 月）平均气温 18～24℃，最适苹果生长。盛花期-3.9～2.2℃即可受冻，夏季平均气温 26℃以上花芽分化不良，成熟果实短期可耐-6～-4℃的低温。

（四）对外界环境条件的要求

苹果在其长期的系统发育过程中，适应了一定的外界气候条件，也就形成了它对外界气候条件的要求。我们掌握了苹果生长发育所需要的气候条件，就可以决定在特定的地区是否可以建园发展苹果生产。苹果原产于夏季空气干燥、冬季气温冷凉的地区。对其生长发育起主导作用的气候条件是气温，其次是降水、日照及风等。

1. 土壤条件 土壤对苹果的生长、产量、质量的好坏影响很大。苹果喜微酸性到中性土壤（pH 5.5～6.7），pH4.0 以下生长不良，pH7.8 以上常有严重的失绿现象。土壤中空气含氧在 10%以上，苹果才能正常生长，在 10%以下时，地上、地下器官都受到抑制。在 5%以下，根和地上器官都停止生长。在 1%以下，细根致死，地上部凋萎、落叶、枯死。通气良好的园地，苹果根为红褐色，根毛多而长。反之，根色暗，根毛少而短。土壤通气不良，嫌气性细菌活动旺盛，土壤中还原物质多，对苹果根系有毒害作用。一般果园有相当于 25%的非毛管孔隙，对土壤的通气最为理想；总之，苹果需要的土壤以深厚、排水良好、含充足有机质、微酸性到中性、通气良好的园土为宜。但实质上符合这样条件的土壤不多，所以在建园时要因地制宜地改良土壤，以适应苹果生长发育的需要。

2. 温度条件　　一般认为年平均温度在 7.5～14℃的地区，都可以栽培苹果。苹果自然休眠期较长。如冬季温度高，不能满足冬季休眠期所需低温时，春季发芽不齐。从世界栽培苹果最多的地区来看，冬季最冷月（北半球 1 月，南半球 7 月）平均气温为-10～10℃，才能满足苹果对低温的要求。我国各苹果主要产区的 1 月平均气温都在此限度内。苹果的各种生理活动、生化反应及生长发育等过程，都必须在一定的温度条件下才能进行。温度对苹果生命活动的影响主要表现在以下几方面：①三基点温度。苹果的生命活动和生长发育所需要的温度，就其生理过程而言，都有相应的最低、最适和最高三个基点温度。一般认为，苹果的最低温度为 5.0℃左右，最适温度为 13～25℃，最高温度为40℃左右，并因品种、器官、年龄、生育期、生理过程和温度变化，以及其他生态因子状况的不同而有变动。不同品种生长期的最适平均温度也不相同。②花期温度。苹果不同品种、不同器官和生育期，都要求一定的积温。积温的多少，对苹果的生长、发育、产量和品质都产生重要影响。计算花前积温，可以预测苹果开花期。温带地区一般用树木生长的最低温 5℃的有效积温来预测花期。据研究表明，苹果从气温达到 5℃以后到始花期，高于 5℃的有效积温平均为 160～180℃，品种之间变动不大。苹果要实现开花，首先需要达到一定的积温量。苹果开花期对温度反应敏感。温度是开花、授粉、受精和坐果顺利完成的重要限制性生态因子。一般苹果开花期的适宜温度为 11.4～11.8℃，最适温度为 17～18℃。花粉发芽的适宜温度一般为 10～25℃，最适温度为 15～20℃；高于 30℃时，花粉发芽明显受到抑制。从传粉媒介蜜蜂活动所需的温度看，一般10℃以下蜜蜂停止外出活动；在 15～29℃，随温度升高而逐渐活跃，有利于传粉、授粉。③春季温度：中国苹果产区多属大陆性季风气候，春季温度不稳定，常有低温出现，尤以晚霜危害较为普遍。苹果在春季正处于现蕾、开花、坐果时期，耐低温力弱，对温度反应敏感。④夏、秋季温度：夏、秋季正值苹果新梢停长、花芽分化、果实发育成熟时期，因此夏、秋季温度对花芽分化、产量形成和品质好坏等都有很大影响。其中苹果花芽分化开始期和旺盛期适宜气温为 20～27℃。⑤冬季需冷量：一般认为诱导苹果进入真休眠，主要是低温的作用，对短日照和干燥等条件反应不甚敏感。冬季的冷凉气候也是结束芽的真休眠所必需的。⑥冷温时数：即经历 7.2℃以下低温的小时数。对冷温的起算点是7.2℃。现各国学者多以 7.2℃为积算时数标准。

3. 水分条件　　水分是树体的主要组成物质，在果实中水分占85%，在新生的组织如嫩梢、根尖中水分占鲜重的 80%～90%，苹果树每生产 1g 干物质需水146～233g。在一个生长季中，降雨量低于 500mm 的地区，必须灌溉补足水分。苹果经休眠后，要求一定量的水分才能萌芽。水分不足，常使萌芽延迟，或萌芽不整齐，影响新梢生长。新梢生长期水分不足，生态反应为枝短弱，停长早，叶片小，易落叶，树体整体营养生长弱；水分过多，树体枝叶生长过旺，组织不充实，贮藏养分水平低；苹果树对缺水最敏感的时期是 5～6 月新梢加速生长期，这时缺水，新梢、叶片生长受阻，落叶增加，当年及翌年产量锐减，人们将其称为需水临界期。一般认为，生长前期应保持有较高的土壤水分，维持在土壤最大持水量 80%左右，花芽形成期可以稍低，维持在土壤最大持水量的 60%～70%，后期保持在 70%左右，当土壤水分低于最大持水量 55%～60%时就应当灌溉。

4. 光照条件　　苹果是喜光树种，光照充足，才能生长正常。红色品种要求年日照时数 1500h 以上，或成熟期月日照时数不低于 150h。光合作用的光饱和点一般为 35 000～50 000lx，光补偿点为 700～1000lx。日照不足，则引起一系列的反应，如枝叶徒长，软弱，抗病虫力差，花芽分化少，营养贮存少，开花坐果率低，根系生长也受影响，果实含糖量低，着色不好。因此，在建园选择园址时，必须考虑所在地日照气象因素。光照对果树生长发育的影响主要表现在以下几个方面。

①光合作用：光饱和点与光补偿点是光的两个最重要的生理生态指标。苹果的光补偿点因品种、叶龄、叶位、叶面积指数、二氧化碳、土壤有效水分及温度等的变化而变化。②产量及品质：光合产物是坐果、果实生长发育和品质形成的基础。在一定范围内，光照越强，坐果率越高，果个越大，着色及品质越好。光照通过对光合作用的影响而影响到花青苷的合成。进行人工遮光处理的结果表明，随遮光程度的加重，果实着色变差，大果减少，果心比例加大，品质降低。③光质的效应：可见光中的蓝、紫、青光对细胞分化有重要支配作用，可抑制伸长生长，控制营养生长，使树体矮小。因此，在蓝、紫光较多的高山地区栽培苹果，常表现树体矮化，侧枝增多，短枝率升高，枝粗芽壮，成花结果好。红光有利于碳水化合物的形成，蓝光有利于蛋白质合成，因此，生产上可选择不同地势和光照条件的栽培地，或利用不同颜色的薄膜来改进果品质量。苹果果实着色对直射光和散射光的生态反应因品种而异，一类是必须有直射光才能充分着色的品种型，如'元帅''红星''红冠'等元帅系普通型品种；另一类是在比普通型品种直射光较弱、漫射光较多的条件下，也能着好色的品种型，如元帅系短枝浓红型品种。

5. 风　　大风常给苹果的生长发育带来许多不利的影响，如造成树冠偏斜，影响开花、授粉，破坏叶器官及落果等，所以在风大地区建立苹果园，必须营造防风林。

第二节　早熟品种

一、红之舞

日本青森县村上恒雄氏于 1977 年从'富士'的杂交苗（亲本不清）中选育成

的外观、风味兼优的早熟品种。幼树树势较强，成龄树较弱，树姿较开张。萌芽率较高，成枝力较弱，枝条甩放易形成短枝，短截发枝易成花，果台副梢充实，也易成花，短枝芽大而茸毛较多。幼树以腋花芽结果为主，随树龄增大，转向以短枝结果为主，树势易衰弱。早果性和丰产性强，有采前落果现象。果实长圆形，单果重 260g 左右；果皮较薄，底色黄绿，果面全面鲜红，果点圆形，小而稀，果面光亮似打蜡，果柄粗，梗洼浅窄。果肉黄白色，肉质紧密而脆，果汁多，酸甜适口，风味佳，品质优。硬度大，耐贮运，冷藏 20d 品质不变，是贮藏性好的早熟品种。

二、早捷

美国品种。美国纽约州农业试验站育成，亲本为‘Quinte’×‘七月红’（‘Julyrecl’），1964 年杂交，1982 年推广。中国农业科学院郑州果树研究所在 1984 年从美国引入。幼树长势旺，大量结果后树姿开张，逐渐趋向中庸，萌芽率高、成枝力中等。苗木栽后 3 年即开始结果，初结果时腋花芽结果较多，逐渐以短果枝结果为主。果实扁圆形，单果重 150g 左右；底色绿黄，覆鲜红霞和宽条纹；果面光洁，无果锈，果点小，不明显，果皮薄；果肉乳白色，肉质细，汁稍多，有香气，风味酸甜，品质中上等。果实不耐贮藏。自花不孕，需栽植花期相近的品种授粉，花序坐果率较高，较丰产，采前有落果，需注意分期采收。

三、夏绿

日本青森县苹果试验场育成，亲本为‘北上’×（‘津轻’×‘祝光’），1973 年杂交，1981 年命名。我国于 1986 年引入，部分省、直辖市有试栽。幼树生长势强，树姿较直立，结果后转中庸，萌芽率高，成枝力强。苗木栽后 4 年开始结果，短果枝多，腋花芽结果能力也强；花序坐果率中等，连续结果能力强，采前落果少，丰产、较稳产，适应性强。果实近圆形，有的果为扁圆形，果较小，单果重 130g 左右；底色黄绿，光照充分的果阳面有淡红色条纹；果面有光泽，无锈，蜡质中等，果梗细长，果皮薄，果肉乳白色，肉质松脆，稍致密，汁较多，风味酸甜或甜，品质上等。由于‘夏绿’抗晚霜的能力差，花期易受晚霜危害。

四、安娜

原产于以色列，亲本为‘Red Hadassiya’×‘金冠’。中国农业科学院郑州果树研究所于 1984 年从美国引入。幼树生长旺，结果树树姿开张，萌芽率高，成枝力强。结果早，苗圃内有些健壮苗也能形成腋花芽，主要以短果枝和腋花芽结果，花序坐果率较高，采前有轻微落果，产量中等。果实圆锥形，单果重 140g 左右；底色黄绿，大部果面有红霞和条纹；果面光洁，果点小、稀、不明显，果皮较薄；果肉乳黄色，肉质细脆，汁较多，风味酸甜，有香气，品质中上或上，成熟期不太一致，应注意分期采收。果实不耐贮藏。'安娜'是需冷量低的品种，在冬季短、夏季长的自然条件下能正常生长、结果。自花结实能力低，应配以花期相近的品种为授粉树，最佳授粉树为'多金'，二者互为授粉品种。栽培中应注意控制幼树的生长势，运用夏剪措施避免枝条过密、过旺，保障树冠内的光照，大量结果后注意疏花疏果，调节负载量，保障果实品质和稳定结果。

五、藤牧一号

美国伊利诺伊州立大学育成，我国于 1986 年引入。幼树生长势强，稍直立，萌芽率较高，成枝力中等。开始结果早，苗木栽后 3 年可结果。以短果枝结果为主，腋花芽较多，花序坐果率高，较丰产。果实多为短圆锥形，单果重 200g 左右；底色黄绿，果面大部有红霞和宽条纹，充分着色的果能达到全红；果面光滑，蜡质较多，有果粉，果点稀、不明显，果皮较薄；果肉黄白色，肉质松脆，汁较多，风味酸甜，有香气，品质上等，优于'辽伏''早捷'等品种。果实成熟期不一，采前有落果现象，不耐贮。栽培中应注意幼树开张骨干枝角度，疏花疏果控制结果量。

六、杰西麦（Jerseymac）

由美国新泽西州农业试验场育成，亲本为'NJ24'×'七月红'。1956 年杂交，1971 年发表，在欧美为主要早熟品种。1979 年中国农业科学院从波兰引入。我国河南、江苏等省已进行试栽。树势较强，树姿半开张，萌芽率中等，成枝力较强。开始结果早，苗木栽后 3 年开始结果，主要以短果枝结果为主，有腋花芽结果，采前有落果现象，较丰产，大小年结果不明显。果实近圆形，单果重 150g 左右；底色黄绿，果面大部为鲜红霞、有红条纹；果面光滑，果粉稍多，果点小、不明显，果皮厚韧；果肉乳白色，肉质松脆稍粗，汁多，风味甜酸或酸甜，有'旭'品种的香气，品质中上等。

七、贝拉

美国新泽西州育成。树势强，幼树腋花芽结果能力强，结果早，苗木栽后 3～

4 年结果。果实较小，近扁圆形，平均单果重 130g 左右，底色淡绿黄色，果面大部紫红色，可全面着色。果肉乳白色，肉质脆或稍疏松，汁中多，味甜酸，品质中上等，成熟期在 6 月中下旬。采前落果轻，丰产性好。果实不耐贮藏。

八、信浓红

日本品种。亲本为'津轻'×'贝拉'。干性强，主干侧枝明显，叶片长卵圆形，绿色，表面光滑，中厚，叶缘钝锯齿，刻痕浅，叶尖渐尖，叶片平展。花芽圆锥形，果实 7 月底 8 月初成熟，无采前落果现象，果实圆形，果型中大，平均单果重 206g 左右。果面底色黄绿，全面着鲜艳条纹红色，树冠内外均可着色，果皮蜡质薄，果点小，稀少，果面光滑，外观漂亮；果实萼片宿存、闭合，果肉黄色脆甜，多汁有香味，耐贮性与'嘎拉'（'Gala'）相当。

第三节　中熟品种

一、珊莎

日本品种。日本盛冈果树试验场育成，亲本为'嘎拉'×'红云'。1969 年杂交，1981 年入选，1988 年登记。我国于 1991 年从日本引入。除科研单位引种观察外，在山东、河北、北京等省、直辖市已有少量试栽。树势中庸，树姿较开张，下部枝梢有下垂性状。结果早，以短果枝结果为主，多腋花芽，坐果率高，采前落果少，丰产。结果过多时要及时回缩衰弱果枝。熟期比'津轻'稍早，也比'津轻'稍耐贮。果实圆锥形或近圆形，单果重约 180g；底色淡黄，果面大部或全面鲜红，色泽美观，着色差的树冠内膛果仅阳面有橙红晕；果面光滑，梗洼常有片锈，果点较小，蜡质中等，果皮稍韧；果肉乳白色，肉质稍硬、致密，汁多、有香气，风味酸甜，品质上等。

二、津轻及其芽变系

'津轻'及其芽变系均为日本品种。'津轻'由日本青森县苹果试验场育成，母本为'金冠'，父本不明。1930 年杂交，1943 年入选，1973 年登记发表，1975 年定名。在日本为重要的栽培品种，生产上占有较大比例。为了改善'津轻'果实的着色，日本各地从'津轻'中选出了许多着色更好的芽变系，如'坂田津轻''轰系津轻''秋香''芳明'等。这些芽变系除果实色泽比'津轻'更好之外，在生长、结果习性方面无明显的不同。1978 年我国从日本引入'津轻'，以后陆续引入主要的着色系，栽培上对这些着色系'津轻'习惯上叫作'红津轻'，在我国已有比较广泛的栽培。

以'津轻'为例介绍其主要性状。幼树生长旺盛，有直立倾向，萌芽率高，成枝力强，树冠成形快。苗木栽后3～4年可结果，初结果期长果枝结果较多，有腋花芽，盛果期后以短果枝结果为主，花序坐果率中等，较丰产，采前落果较多。果实不很耐贮。果实近圆形，单果重180g左右；底色黄绿，阳面有红霞和红条纹；'津轻'果面少光泽、蜡质较少，梗洼处易生果锈，果点不明显，果皮薄；果肉乳白色，肉质松脆，汁多，风味酸甜，稍有香气，含可溶性固形物14%左右，品质上等。'津轻'与'红玉'、'新嘎拉'、'红富士'、元帅系等品种能很好地相互授粉。

三、嘎拉和新嘎拉

'嘎拉'是新西兰育种家以'Kidd's Orange Red'×'金冠'育成的品种。1939年入选，为新西兰的三大品种之一，被欧洲、美国、日本、澳大利亚等许多国家和地区引种。我国20世纪70年代末从日本引入。'新嘎拉'是新西兰在1971年从'嘎拉'发现的着色系枝变，又称'皇家嘎拉'。我国于1980年引入。

'嘎拉'的果实为短圆锥形，9月下旬采收，果型中等，单果重145g左右，果实底色绿黄或淡黄，阳面有淡红晕和条纹，一般只部分着色。果面稍有棱起，果皮韧，稍厚。果肉淡黄色，质细脆，汁多，香气浓，风味酸甜适口，品质上等，较耐贮藏。

'新嘎拉'的果实性状与'嘎拉'类似，只是着色比'嘎拉'更为全面，9月上旬成熟，彩色鲜红，有断续条纹，可达全红，非常美观。果肉为黄色或淡黄色，肉质致密，稍硬，硬而多汁，酸甜适口，香气浓，品质上等，果实较耐贮藏。

四、首红

美国品种。美国华盛顿州发现，为'新红星'的芽变。1967年发现，1976年发表。我国在20世纪80年代初期从美国引入。经许多地区试栽，认为该品种品质优良，适于在元帅系适宜栽培区内发展。树势中庸，树姿直立，萌芽率高，成枝力弱，新梢短。苗木栽后3年可结果，均以短果枝结果，花序的坐果率中等，每花序多坐1～2个果，较丰产。果实圆锥形，单果重180g左右，果顶五棱明显；底色黄绿或绿黄，全面浓红并有隐显条纹；果面有光泽，蜡质多，果皮厚韧；果肉乳白色，肉质细脆，汁多，风味酸甜，有香气，含可溶性固形物 13%左右，品质上等。为短枝型品种，抗逆性和适应性与'新红星'类似。比'新红星'熟期略早。采后于室温下可贮存 1 个多月。'首红'株型紧凑，适于密植，幼树期间需注意开张角度。在加强肥水管理的同时，应多培养结果枝。疏花疏果，严格控制负载量。

五、新红星

美国品种。在美国俄勒冈州被发现，为'红星'的芽变品种，1953 年命名。我国于 1966 年引入。20 世纪 80 年代以后在我国发展迅速，已成为我国主栽品种之一。'新红星'树势较强，树姿直立，枝条不开张，萌芽率高，成枝力弱。苗木栽后 2～3 年开始结果，以短果枝结果，有腋花芽，坐果率中等。果实圆锥形，果顶五棱突出，单果重 180g 左右；底色黄绿，全面浓红，色相片红，着色均匀，色泽浓艳；果面富有光泽，蜡质较多，果皮厚韧；果肉绿白色，肉质脆硬，贮后果肉为乳白色，风味酸甜，香气浓，含可溶性固形物 11%左右，品质上等。采前落果少，负载量过大易导致大小年结果。不耐贮藏。'新红星'为短枝型品种，适于密植栽培，幼树要注意骨干枝开张角度，并注意通风透光和温度条件。注意更新结果枝组和疏花疏果，以确保果实优质。

六、超红

美国品种。1967 年在美国亚基马发现，为'红星'的芽变，1972 年发表。我国于 1981 年从美国引入，目前已有一定的栽培面积。幼树生长势较强，为短枝型品种，树姿直立，萌芽率高，成枝力较弱。苗木栽后 3 年开始结果，以短果枝结果，有腋花芽，花序的坐果率中等，较丰产。果实圆锥形，单果重约 180g，果顶五棱突出；底色黄绿，全面浓红，色相片红；果面蜡质多，果点小，果皮较厚韧；果肉绿白色，贮后转为乳白色，肉质脆，汁多，风味酸甜，有香气，含可溶性固形物 13%左右，品质上等。'超红'的果实性状与'新红星'类似，生长结果习性也相近，生长势比'新红星'稍强。

七、红玉

美国品种，为古老的栽培品种。生长势较强，干性弱，盛果期树冠开张，萌芽率高，成枝力强，枝梢较软，易呈横生或下垂状态。开始结果早，坐果率较高，产量中等。果实扁圆形，单果重 160g 左右；底色黄绿，果面大部浓红或全面浓红，色泽鲜艳；果面有光泽，蜡质较多，果点小，果皮薄韧；果肉乳黄色，肉质致密、脆、汁多，风味甜酸，香气浓，品质上等。采前有落果，较耐贮藏，但贮藏中易患斑点病和虎皮病。适应性较强，抗病力较弱。'红玉'引人注目之处在于果实风味浓郁，香气浓，作为鲜食时，消费者感到酸味较重，但作为加工制汁的原料却非常适宜。

八、华冠

中国农业科学院郑州果树研究所育成，亲本为'金冠'×'富士'。1976 年杂交，1983 年开始结果，1984 年入选优系，1990 年发表，适合在河南、山西、山东、陕西、甘肃等省栽培。幼树长势旺，成枝力强。大量结果后树势中庸，干性较弱，树冠开张，萌芽率较低，故枝条较稀疏。开始结果早，苗木栽后 3 年即开始结果，大量结果后以短果枝结果为主，幼树腋花芽结果能力很强，坐果率高，丰产。果实圆锥形或近圆形，单果重 75g 左右；底色绿黄，果面大部有鲜红霞和细条纹，充分着色时可全红；果顶稍显五棱，果面光洁；果肉黄白色，肉质细脆，致密，汁多，风味酸甜，有香气，品质上等。采前落果轻，较耐贮藏。适应性强，对土壤要求不严，病虫害较少。

九、新世界

日本品种。日本群马县农业综合试验场育成，亲本为'富士'×'赤城'。1971 年杂交，1988 年发表。1990 年中国农业科学院从日本引入。目前我国尚在进行生产观察，山东、辽宁等省有少量试栽。'新世界'树势较旺，萌芽率高，成枝力稍差。苗木栽后 4 年可结果，盛果期后以短果枝结果为主，白花结实率高，花序的坐果率高，采前落果少，丰产性好。在黄河故道地区于 9 月下旬成熟，华北地区于 10 月上旬成熟，果实长圆形，有的果稍显偏斜，单果重 250g 左右；底色黄绿，全面浓红，有暗红色条纹；果面光洁，无锈，蜡质中多，稍有香气，风味甜酸、味浓，品质上等。果实贮藏性不如富士系品种，在冷藏条件下可贮 5 个月左右。

十、乔纳金及其芽变系

'乔纳金'为美国三倍体品种。美国纽约州农业试验站育成，亲本为'金冠'×'红玉'。1943 年杂交，1968 年发表。目前已是世界上重要的苹果栽培品种。我国于 1979 年从比利时、荷兰分别引入。20 世纪 80 年代以后开始推广，目前在生产上已有较多栽培。'乔纳金'树势强，树姿较开张，萌芽率较高，成枝力强，枝梢较软且较长，故常呈下垂状。苗木栽后 3～4 年可结果，7～8 年进入大量结果期，以短果枝结果为主，腋花芽结果也较多，花序坐果率高，丰产。10月上中旬成熟，果实圆锥形，单果重230g左右；底色绿黄或淡黄，阳面大部有鲜红霞和不明显的断续条纹；果面光滑、有光泽，蜡质多，果点小、不明显，果皮较薄、韧；果肉乳黄色，肉质松脆，中粗，汁多，风味酸甜，稍有香气，含可溶性固形物14%左右，品质上等，果实较耐贮藏。

日本在1973年从'乔纳金'选出芽变品种'新乔纳金'（'New Jonagold'），其生长结果习性与'乔纳金'相似，唯果实着色优于'乔纳金'，在我国发展也很快。此外，近年从国外引入的'红乔纳金'也在试栽观察中。'乔纳金'及其芽变系品种，不但是丰产、优质的鲜食品种，而且果实适于制汁，是一个优良的加工品种。

十一、金冠

美国品种，又名'金帅''黄香蕉'。'金冠'是世界上的主栽品种之一，也是我国20世纪80年代以前的主栽品种。树势强健，树姿半开张。适应性强，较抗干旱。枝条细而充实，易形成花芽，丰产。果实圆锥形或卵圆形，整齐均匀，单果重180g左右。果皮薄，金黄色，向阳面微现红晕，易生果锈。果肉黄色，果心小，果肉细，甜而汁多，富有芳香气，品质上等。幼果期遇雨或农药使用不当，易发生果锈，而影响商品质量；弱树或结果过多的树上易产生小果，品质下降。

十二、美国8号

美国品种。原代号为'NY543'，1984年引入中国农业科学院郑州果树研究所。树势较强，萌芽力中等，成枝力较强，随着产量增加，树势中庸。果实近圆形，果型较整齐，平均单果重270g左右。果面光洁，无果锈，果皮底色乳黄，全面鲜红色，十分艳丽，风味独特，适口性好。成熟期在8月上旬，采前落果轻，抗病性强，特抗炭疽病、轮纹病，加之果面洁净，无需套袋栽培，投资投工少。

十三、南方脆

该品种由新西兰用'嘎拉'与'华丽'（'splendour'）杂交培育而成，原代号为'GS330'。新西兰目前已将其作为嘎拉系换代品种加以推广栽培。陕西省果树研究所于1995年引入。树势强健，萌芽率高，成枝力强，进入结果期早，丰产性强，叶片大而浓绿，长圆形，结果后枝条变软变细，易弯曲下垂。果型中大，果实扁圆形，平均单果重 182g 左右，果面底色黄绿，成熟时果面着色浓红，但果实着色后萼洼处仍保持绿色，果肉淡黄色，肉质松脆多汁，风味酸甜浓郁，经短期贮存后风味更佳。该品种对早期落叶病、白粉病有较强的抗性。

十四、新红将军

日本品种。其是在早生'富士'树上发现的着色系芽变，于 1996 年引入我国。生长势均匀，萌芽力和成枝力中等，平均单果重 300g 左右，果实底色黄绿，果面彩霞红色或全面鲜红色，果肉黄白色，肉质细脆汁多，甜酸浓郁，品质上等，适应性广，丰产性能好，是耐贮藏的中晚熟优良品种。抗旱和抗病能力强。

十五、GS-58

中晚熟苹果新品种，新西兰国家园艺食品研究所用'嘎拉'与'华丽'杂交育成。1996 年，陕西省果树研究所直接从新西兰引入国内。树势中庸，生长较快，树冠偏小，叶片较'嘎拉'大、尖、厚，叶缘锯齿尖，叶色浓绿，叶尖渐尖，叶片微向上反卷，叶背茸毛较多，叶柄基部鲜红色，叶脉绿色。果实大，平均单果重 230g 左右，果实圆柱形，果实底色黄绿，全面着鲜红色，果面光洁艳丽。果肉黄色，香味极浓，果皮稍厚，表面蜡质明显。9 月中旬成熟，果实耐储存。其早果性、丰产性强，品质优良，抗逆性与适应性强，抗旱耐贫瘠。

十六、千秋

日本品种。日本秋田县果树试验场育成，亲本为'东光'×'富士'。我国在 1981 年从日本引入。幼树生长势强，较直立，大量结果后树姿较开张，生长势转中庸。萌芽率高，成枝力中等，短枝较多，树冠内结果后的果枝易细弱。苗木栽后 3～4 年开始结果，易形成花芽，以短果枝结果为主，有腋花芽，花序的坐果率较低，自花授粉结实率低，花粉给其他主要品种授粉的亲和力强。果实圆形或长圆形，果点中多、较明显，果皮薄；果肉黄白色，肉质细、致密，汁液多，风味酸甜，稍有香气，品质上等。在华北地区于 9 月下旬成熟。果实较耐贮藏，在冷藏条件下可贮至次年 2～3 月。适应性强，也较耐寒，适于干旱少雨、晚霜频发的气候条件，早期落叶病和白粉病较轻，表现出早果丰产、稳产、优质等特性。

第四节　晚熟品种

一、陆奥

日本品种。日本青森县苹果试验场育成，亲本为'金冠'×'印度'。1930年杂交，1948年发表。在日本和欧洲有一定栽培，在欧洲又叫'克里斯宾'（'Crispin'）。1972年我国从日本引入，有些地区进行了试栽，大面积生产栽培不多。'陆奥'为三倍体品种，树势强，树冠高大，幼树成形快、较直立，萌芽率高，成枝力强。苗木栽后3～4年开始结果。盛果期以后以短果枝结果为主，有腋花芽，花序的坐果率中等，采前落果少，丰产。果实近圆形，单果重330g左右；果实黄绿色，着色好的地区阳面略带淡红晕；果点较多，褐色，有晕圈，较明显，果皮厚、稍韧；果肉乳白色，肉质松脆，略粗，汁多，风味甜酸，有香气，品质上等。适应性强，抗逆性强，负载量过大可致大小年结果，果实耐贮藏。不可作其他品种的授粉品种。

二、胜利

河北省农林科学院昌黎果树研究所育成，亲本为'青香蕉'×'倭锦'，1950年杂交，1969年命名。树体强健，树姿半开张，萌芽率较高，成枝力较强，幼树4～5年结果，以短果枝结果为主，有腋花芽结果习性，果枝连续结果能力强，丰产、稳产。果实短圆锥形，单果重170g左右。果实底色黄绿，着红条纹和红晕。果肉浅杏黄色，质细而致密，硬脆，汁多、甜，有香味，稍经贮藏后，风味变浓，品质上等。10月上中旬成熟，耐贮藏。适应性强，较耐瘠薄和抗寒，在山区、沙地生长结果都表现较好，缺点是果面粗糙、不够美观。

三、王林

日本品种，黄色优质品种，是日本的重要栽培品种。'金冠'种子播种后从实生苗中选出的。1952年命名，我国于1978年从日本引入，主要苹果产区已有少量栽培。树势强，树姿直立，分枝角小，萌芽率中等，成枝力强，中、长枝较多，枝条较硬。开始结果早，苗木栽后3年可结果。长、中、短果枝均有结果能力，以短果枝和中果枝结果较多，腋花芽也可结果，花序坐果率中等，果台枝连续结果能力较差，较丰产。果实长圆形或近圆柱形，单果重200g左右；全果黄绿色或绿黄色；果面光洁、无锈，果点大、有晕圈、明显，果皮较厚；果肉乳白色，肉质细脆，汁多，风味酸甜，有香气，品质上等。采前落果少，果实耐贮。

四、秦冠

陕西省果树研究所原芜洲等育成，亲本为'金冠'×'鸡冠'。在我国分布较广泛，西北地区栽培较多。生长势强，树姿开张。开始结果早，苗木栽后 2～3 年即结果。初结果以长果枝和腋花芽为主要结果部位，盛果期后以短果枝和腋花芽结果为主，坐果率高，有较强的自花授粉能力，早果性、丰产性突出。果实圆锥形，单果重 240g 左右；底色黄绿，阳面有暗红晕及断续红条纹，常带有白色锈，果面光滑、蜡质较多，果点明显；果皮较厚韧；果肉乳白色，肉质脆、稍致密，汁液较多，风味酸甜。果实很耐贮藏。但果实风味欠佳，着色不好，可作为新发展地区的辅助品种或授粉品种栽培。

五、澳洲青苹

澳大利亚品种，为世界上知名的绿色品种。其是澳大利亚、新西兰的主栽品种之一。该品种除鲜食外，兼作加工和餐用。我国在 1974 年从阿尔巴尼亚引入，目前我国栽培尚不多。树势强，幼树极性强，分枝角小，树冠较直立，萌芽率高、成枝力强，结果后树冠渐趋开张。苗木栽后约 4 年开始结果。以短果枝结果为主，有腋花芽，花序的坐果率高，较丰产，易大小年结果。果实圆锥形，单果重 200g 左右；全面翠绿色，向阳面常带有橙红至褐红晕；果面光洁、有光泽，蜡质中多，果点小、多为白色、有灰白晕圈，果皮厚韧；果肉绿白色，肉质硬脆、致密，汁多，风味酸，少香气，因风味太酸，初采时品质仅为中等，果实极耐贮藏，在冷藏条件下可贮至次年 7～8 月，贮后品质好。最适食用期在翌年 2 月以后，果实在国内外市场上为高档品种，可用于出口，是生食加工兼用品种。

六、新乔纳金

日本品种。该品种为'乔纳金'芽变，是三倍体品种。树势强，萌芽力、成枝力强，早果丰产性好。初果期就以短果枝结果为主，有腋花芽结果习性，且结果能力强。该品种自花不实，必须栽培授粉树，一般需人工授粉或蜜蜂（或壁蜂）授粉。果型大，平均单果重 300g 左右，大小整齐。果实底色黄绿或淡黄，果面无果粉，但果蜡较多。果皮薄，果面着鲜红至浓红色，有条纹；树冠内膛果也易着色，果面光滑，果点较小；梗洼处有锈斑。果肉黄白或淡黄色、致密、脆硬，肉质中粗，汁多，香气浓，酸甜适度，风味浓郁，品质上等。较耐藏，储藏到春节前后风味最佳。

七、华冠

中国农业科学院郑州果树研究所培育的新品种，亲本为'金冠'×'富士'，1976 年杂交，1989 年命名，1993 年通过品种审定。树势生长势强，枝条开张，易成形，成年树干性较弱，萌芽力中等，成枝力较弱。幼树以腋花芽结果为主，随树龄增加，逐渐转为以中、短枝结果为主，果台枝连续结果能力强，坐果率高，结果早，丰产性强。一般栽后 3 年结果，5 年丰产，无采前落果现象。果实呈圆锥形或近圆形，果实中等大，平均单果重 170g 左右，9 月中下旬成熟。成熟时果实底色黄绿，果面被红色或红色条纹，充分着色后，可全面浓红，外观美。果面光滑，果点小而稀。果肉乳黄色，肉质致密，脆而多汁，酸甜味浓，有香味，品质上等。耐贮性好，适应性强，抗果实轮纹病和早期落叶病，但对苹果花叶病较为敏感。

八、清明

日本品种，亲本为'金冠'×'富士'。1994 年引入烟台。该品种树势中庸，树姿比较开张，萌芽力强，成枝力中等，容易形成花芽，并有腋花芽结果能力，丰产性好，无采前落果现象。果实圆形至长圆形，果型大，平均单果重 300g 左右。果实底色为黄绿，成熟时果面全部着鲜红色，果面光洁无锈，具有光泽，蜡质中多，果粉少，外观甚美。果肉黄白色，肉质致密多汁，松脆爽口，蜜甜味浓，提前采收也无涩味，品质上等，较耐贮藏。该品种抗苹果斑点落叶病，应加强夏剪，如拉枝、扭梢、刻芽，促发分枝，是一个晚熟大果型、全红的苹果新品种。

九、富士系品种

富士系为日本品种。日本农林水产省园艺试验场盛冈分场育成，亲本为'国光'×'元帅'。1939 年杂交，1958 年发表，1962 年正式命名。其是日本苹果生产的主栽品种，在欧、美也有广泛栽培。我国在 1966 年引入，富士系现已发展为我国苹果主栽品种。

日本从富士系选出了 200 余个在果实着色、株型、熟期方面不同的芽变系品种。例如，着色优良的'岩富 10 号''长富 2 号'等；短枝型的'长富 3 号''宫崎短枝'等；熟期提前的'早熟富士'等。我国烟台市从'长富 2 号'中又选出了着色早而迅速、色泽浓红艳丽、片红的'烟富 1 号'和'烟富 2 号'；惠民县从宫崎短枝中选出了'惠民短枝红富士'，烟台市又从'惠民短枝红富士'中选出了易着色、色泽浓红的短枝型'烟富6号'，并且发展很快。生产上对'富士'的着色系通常统称"红富士"。

富士系的幼树生长势强，树姿较直立，结果后树冠开张，萌芽率较高，成枝力强，大量结果之前树易显上强下弱，应通过修剪加以调整；大量结果之后树势渐缓和，应注意更新，避免树势衰弱。苗木栽后4年左右开始结果。初结果时以中、长果枝结果，大量结果后主要以短果枝结果，有腋花芽，花序的坐果率高，连续结果能力一般，采前落果少，丰产，负载量过高易致大小年结果。果实为近圆形，有的果稍有偏斜，单果重210~250g；底色黄绿或绿黄，阳面有红霞和条纹，其着色系全果鲜红，色相分为片红型（I系）和条红型（II系）两类；果面有光泽、蜡质中等，果点小，灰白色，果皮薄韧；果肉乳黄色，肉质松脆，汁液多，风味酸甜，稍有香气，含可溶性固形物13%~15%，品质上等。果实很耐贮藏，在冷藏条件下可贮至次年6月。富士系品种除短枝类型外，其生长结果习性类似，栽培管理方面幼树应以轻剪为主。拉枝开角，使树冠内有充足的光照，保障充足的肥水，促进早期丰产，盛果期后更要注意树冠内通风透光，及时疏花疏果，促进花芽形成，保持稳定的产量，防止大小年结果。

十、斗南

日本青森县人从'麻黑7号'实生苗木中选育的优质晚熟品种。该品种树势强旺，枝条粗壮，萌芽率高，成枝率强。中、短枝及腋花芽均能结果。结果早，丰产性强，高接大树当年可成花，第二年就可挂果。果实圆锥形。平均单果重280g左右。果面底色淡黄，全面着鲜红色。果肉乳黄色，肉质细脆，汁液多，香气浓，甜酸适口，品质上等，10月中旬成熟，采前落果现象极轻。

十一、华红

中国农业科学院果树研究所用'金冠'×'惠杂'交育成的品种，1976年杂交，1995年底通过专家验收，1998年通过辽宁省品种审定委员会审定。'华红'的适应性很强，在西南地区的云南，西北地区的山西、陕西、甘肃及辽宁、山东、河北等地区均表现生长结果良好。幼树生长旺盛，成形快，树姿较开张，树冠半圆形，萌芽率高，成枝力强。初结果树以中、长结果枝为主；盛果期以中、短果枝结果为主，坐果率高，果台枝连续结果能力强，丰产、稳产。定植后4年左右即可开花结果，基本上无采前落果现象。'华红'自花不能结实，建园必须配置授粉树，授粉品种可选择金冠系、元帅系、富士系等。果实长圆形，果实中大，平均单果重240g左右，10月上中旬成熟，果皮底色黄绿，被鲜红色彩霞或全面鲜红色，有不明显的条纹。果面光滑，蜡质较厚，果点小，外观美。果肉淡黄色，肉质松脆，汁液多，风味酸甜适度，有香气，品质上等。抗逆性强，抗寒、抗旱和抗病能力强，在临界低温–35～–30℃条件下也表现出极强的抗寒性，对褐斑病、轮纹病等均有较强的抗性。虽为乔化品种，但可适当密植。果实耐贮性强，是鲜食、加工兼用型苹果优良品种。

十二、太平洋玫瑰

新西兰园艺食品研究所育成的苹果新品种，三倍体品种，亲本为'嘎拉'×'华丽'，为 GS 系列品种之一，1975 年杂交，1988 年由新西兰引入中国农业科学院郑州果树研究所。树势较强健，树姿开张，萌芽力、成枝力中等，疏果时宜选留中、长果枝上的下垂果，能使果形端正、高桩。修剪时按短枝型品种进行，促其分枝。容易成花，早果性优于'富士'，并有腋花芽结果能力，各类果枝均能结果，果枝连续结果能力强，坐果率高，丰产。果实较大，平均单果重 220g 左右，果实长圆形或卵圆形，果顶稍尖，有不明显的五棱，萼片宿存，反卷微开张。果实底色淡黄白色，着粉红色至暗红色。果肉乳黄色，肉质细脆多汁，味浓甜，风味稍比'富士'淡，品质上等，10 月上中旬成熟，因果实成熟不一致，应分期分批采收，果实耐贮藏。其主要缺点是因果梗粗短、果实大，采前落果比较严重，抗果实霉心病能力差，且果实着色不良，可在西北黄土冷凉干旱地区适当发展。

十三、北斗

日本品种。亲本为'富士'×'陆奥'。1971 年播种杂交种子，1979 年开始结果，1983 年登记为新品种。树势较中庸，是树势较强的'富士'与树势较弱的'陆奥'中间型品种，主干延长枝易倾斜，易成花，适宜短截。成熟期为 10 月中下旬，平均单果重 350g 左右，果实很大，最大果重约 420g。果实近圆形、端正，果面光滑、有光泽，无锈，底色黄绿，着有红色条纹，果肉黄白色，肉质细、松脆。汁液多，酸甜适口，有香味，品质上等。果实耐贮藏，抗斑点落叶病比'富士'弱，比'陆奥'强，有的年份易发生霉心病，但枝龄大后发生较少。'北斗'果实套袋后风味会降低，宜采用无袋栽培。随着栽培技术的提高，'北斗'是继'富士'后具有牢固大型果地位的新品种。

十四、红宝石

山西省农业科学院果树研究所育成的苹果新品种。亲本为'国光'×'元帅'，

1972 年杂交，1986 年鉴定命名为'红宝石'，'红宝石'最适宜的栽培区为年平均温度 10～12℃ 的地区。该品种幼树生长旺盛，结果后逐渐趋向中庸，树姿半开张，萌芽力强，成枝力中等。早果性能好。幼树以中、长果枝结果为主，成年树以中、短果枝结果为主，坐果率高，丰产性好，授粉品种可选择'金冠''王林''富士''红星'及嘎拉系、津轻系等。10 月中旬成熟。采前落果轻，不裂果，果实中等大，平均单果重 160g 左右，果实呈扁圆形，果面底色黄绿，色彩浓红，成熟时果实几乎全面着色，果点小而密，果皮薄，梗洼无锈。果肉乳白色，肉质酥脆多汁，风味香甜，品质上等。果实耐贮藏性能好，适应性强，抗早期落叶病、抗风，是一个优良的晚熟苹果新品种。

十五、海道 9 号

日本品种，亲本为'富士'×'津轻'。1986 年登记注册，1992 年由日本长野县引入河北省石家庄果树研究所，栽培时应配置'元帅''金冠'等授粉品种。树势生长旺盛，树冠大，树姿开张，萌芽力高，成枝力较弱，随树龄增大和结果增加，树势逐渐缓和，成花容易，具有腋花芽结果能力，坐果率高，易于早果丰产，但应注意疏花、疏果，防止大小年产生。果实 9 月下旬至 10 月上旬成熟，采前落果较轻。果实长圆形，果型较大，平均单果重 270g 左右，果皮底色黄绿，成熟时全面着红色条纹。果面浓红，色泽鲜艳，光洁无锈，蜡质，果点小、密。果肉黄白色，肉质细，果汁多，风味甜酸适度，芳香浓郁，品质上等。耐贮性优于元帅系而不如'富士'，抗寒性较强，对轮纹病、斑点落叶病、炭疽病抗性较强。

十六、燕山红

河北省农林科学院昌黎果树研究所育成，亲本为'国光'×'红冠'，1973 年杂交，1988 年通过鉴定并命名为'燕山红'，栽培时应配置'金冠''王林''富士''新红星'等授粉品种。树势生长旺盛，枝条粗壮，成枝力强，萌芽力中等，树冠明显大于富士系和元帅系。短果枝易形成花芽，初果期以短果枝结果为主，坐果率高，早果丰产。果实 10 月中下旬成熟，呈短圆锥形或近圆形，果型较大，平均单果重 220g 左右，果面光滑，底色浅绿色，充分成熟时全面着浓红，片红型，蜡质，果点少，果皮较薄。果肉浅黄色，肉质细脆多汁，风味甜酸可口，香味浓，品质上等。果实耐贮藏，该品种风土适应性强，在山地、沙荒、盐碱地均能正常生长结果，抗寒性较强。

十七、高岭

'高岭'是日本长野县果树试验场从'红金'的自然实生苗中选出的苹果品种，三倍体中晚熟品种，1970年开始播种，1978年入选，1984年进行登记。树势强健，树姿直立，容易形成短果枝，坐果率高，丰产性强，采前落果较重，易产生大小年现象。9月中下旬成熟，果实为大型果，平均单果重235g左右，果实圆形，果面底色黄绿色，成熟时果实全面着深红色，有不明显的断续条纹。果点大，中密。果顶有5个棱起，但不如'新红星'明显。果肉黄白色，肉质稍粗，甜味浓，酸味少，香气浓郁，果汁中多，品质上等。不耐贮藏，冷藏期约2个月。该品种较抗旱，但抗风能力较差，抗病性差，易感染斑点落叶病和苦痘病。由于具有果型大、色泽鲜艳和风味好等优点，具有一定的发展潜力，但不适宜大面积发展，仅适合在高海拔、高纬度地区栽培。

十八、金标

美国品种，是美国近年来大力推广的品种，被称为"美国苹果之王"。1968年在华盛顿州亚基马县发现，母株生长在'红星'和'金冠'为主栽品种的果园内，为一偶然实生苗，1972年发表，1981年3月由美国引入北京农业大学，1982年引入河北省农林科学院昌黎果树研究所。树势中庸，叶色浓绿，树冠紧凑，短果枝、腋花芽均能结果，成花容易，结果早，坐果率高，丰产。在栽培管理上与'金冠'相同，注意疏花、疏果，适宜控制负载量，有轻微的采前落果现象。9月下旬至10月上旬成熟，初采时酸味稍重，果实中等大，平均单果重170g左右，果实为圆锥形，成熟时果面绿黄色，阳面多着淡红色晕，非常美观。果皮较厚，果面光滑无锈，果点中大，萼洼周围有小五棱突起，果肉浅黄色，肉质稍粗，脆而多汁，酸甜适口，具有香气，风味较'金冠'浓，品质上等。耐贮性中等，贮藏期不皱皮，是一个很受欢迎的品种。

十九、龙金蜜

山东省农业科学院果树研究所等单位于1976年在临朐县龙湾村果园发现的晚熟耐贮藏苹果新品种，1985年鉴定并命名，授粉树以'国光'和'秀水'为主，其次有'红星''富士''金冠'品种等。树体健壮，树姿开张，成枝力中等，萌芽率高，短枝量大，形成花芽容易，结果早，幼树初果期以短果枝结果为主，有腋花芽结果习性，果台枝连续结果能力强，丰产性好。10月中下旬成熟，果实中等大，采前落果比较轻，裂果少，平均单果重130g左右，果实圆形或扁圆形，果面底色绿色，成熟时果面呈鲜红色。果面光滑、无锈，果皮较厚，有光泽，蜡质，有果粉，果点中密。果肉乳白色，肉质致密，硬脆，酸甜适口，汁液多，香味浓。果实极耐贮藏，常温下可贮至翌年5月。贮藏期果实不皱皮，不烂果，虎皮病很轻，果实经贮藏后品质变佳。适应性广，抗逆性强，抗旱、抗风、耐瘠薄土壤。较抗轮纹病和腐烂病。适于山地、丘陵地区栽培，综合性状优于'国光'。

二十、粉红女士

澳大利亚品种，属极晚熟品种，又称'粉丽''粉丽佳人''粉红佳人'。亲本为'威廉女士'בₓ'金冠'，可选用嘎拉系、富士系、元帅系品种授粉。树势强，树姿较开张，树冠圆头形，萌芽率高，成枝力强，适宜细长纺锤形树形，幼树轻剪缓放，以利提早结果。成熟期为10月下旬至11月上旬，果实近圆柱形，平均单果重200g左右，果形端正，高桩，果实底色绿黄，着全面粉红色或鲜红色，色泽艳丽，果面洁净，无果锈。果点中大、中密、平白，有晕圈。果肉乳白色，脆硬而韧，汁多，酸甜可口，具有香气。耐储藏，室温可贮藏至翌年4～5月，抗病、抗虫性强，高抗褐斑病、白粉病和抗金纹细蛾。在欧洲一般采用矮化栽培，结果早，不易发生大小年现象，丰产、稳产。

第三章　精心建园：高产优质无公害苹果园的建立

正确选择苹果园地关系到建园的成败和效益的高低，适宜的建园地点，既要满足苹果对自然条件的要求，又要满足无公害苹果的要求。

第一节　园地的选择与规划

一、园地的选择

（一）苹果对自然环境的要求

1. 气候条件　　苹果原产于夏季空气干燥、冬季气温冷凉的地区，影响其生长发育的主导气候因子是气温，其次是降雨量、日照及风等因素。

（1）气温　　气温包括年平均温度、最冷月平均气温、极端最低温度、生长期温度。

1）年平均温度：年平均温度在7.5～14℃的地区都可栽培苹果。

2）最冷月平均气温：只有最冷月平均气温达−10～10℃才能满足苹果对低温的要求。

3）极端最低温度：大苹果在−30℃以下即发生严重冻害，−35℃即可冻死，但小苹果可抗−40℃低温。

冬季温度与苹果栽培关系很大，温度过高不能满足树体休眠的要求，但温度过低易使枝、芽遭受冻害，甚至全株死亡。一般认为，北半球12月、1月、2月三个月的平均气温−10.5℃等温线是苹果分布的北界，但冬季平均气温的高低只是一个方面，而更重要的是冬季的绝对低温，冬季绝对最低温度直接关系到苹果能否安全越冬，成龄苹果树可耐−20℃以下低温，但持续16d以上，也会发生冻害，幼树的抗寒性更差。苹果的抗寒性与品种有关，'黄魁''红魁'等品种休眠期可耐−35℃的短期低温，'元帅''旭'等可耐−33～−32℃的短期低温，'红玉'等可耐−29～−28℃的短期低温。冬季高温能够结束苹果休眠，苹果芽自9月进入休眠期，需要7℃以下的低温1400h才能打破休眠。如果冬暖，不能满足此条件，则春季发芽、开花等不协调，发芽缓慢，引起落蕾、花期不一致，这是进行苹果南限区划时应注意的问题。

4）生长期温度：春季昼夜平均气温在 3℃以上，地上部即开始活动，8℃左右开始生长，15℃以上生长最活跃。整个生长期（4～10 月）平均气温在 12～18℃，夏季平均气温在 18～24℃，最适合苹果生长。夏季平均气温在 26℃以上时花芽分化不良；但若温度过低，则热量不足，花芽分化也不好，会导致果小而酸，不利于可溶性固形物增加，果实色泽差，不耐贮藏。秋季温度白天高、夜间低时，果实含糖量高，着色好，果皮厚，果粉多，耐贮藏。

不同品种最适宜的生态条件要求也不同。'新红星'苹果要求均温 9～11℃，1 月平均气温-9～0℃，年最低气温-25～-10℃，夏季（6～8 月）平均气温 18～24℃，夏季平均最低气温 13～18℃，年降水量 201～800mm，6～9 月日照时数大于 80h，一定范围的海拔；'红富士'分布在 1 月平均气温-10℃线以南地区，温量指数（4～10 月的各月平均气温减去 5℃后之和）以 85℃以上为宜，如山东胶东、陕西白水、辽宁六连等地的温量指数均在 90～100℃。

（2）降雨量   要求年降雨量为 500～800mm，各季的降雨量能满足苹果正常生长的要求。

据推算，每亩成龄果园一年蒸发 113t 的水分，而自然降水只有 1/3 被吸收，所以在无灌溉条件下，要求年降水量应大于 500mm，其中 4～9 月每月平均降水不少于 50mm，若达不到就需进行人工灌溉或采取蓄水保墒措施。若此期间每月降水多于 150mm，对苹果生长也将产生不利的影响。3～5 月为苹果萌芽和生长盛期，降水量应不少于 150mm。6～8 月是制造同化物质和果实增长耗水最多的时期，在无灌溉条件下，此期降水量应在 300mm 以上，低于此阈值常导致大气和土壤干燥，使果实变小，产量和品质下降；高于此阈值则出现日照不足、品质降低现象。

（3）日照   苹果是喜光树种，光照充足（年日照时数应为 2200～2800h），才能生长良好；若日照不足，会引起枝叶徒长，抗病能力差，花芽分化少，开花坐果率低，果实含糖量低，着色不良。

（4）风   微风与和风有利于果树生长发育，大风对果树生长不利，起破坏作用。一般苹果园适于建在年平均风速为 3.5m/s 以下的地带。在花期风速经常超过 6m/s 时，会导致坐果率降低；还易造成偏冠、落果损叶甚至折枝等不良后果。

2. 土壤条件

（1）土层深厚   土层深厚有利于树体根系生长，一般要求土层厚度在 1m 以上，地下水位应在 1.5m 以下。

（2）土壤通透性   土壤通气性良好，才有利于苹果树生长。只有当土壤中空气含氧量在 10%以上时，苹果树才能正常生长。一般果园有相当于 25%的非毛管孔隙时，土壤的通气最为理想。

（3）土质   要求土层深厚，质地疏松，排水良好，保水力强，富含有机质，地下水位较低的砂壤土或壤土；土壤肥力要求达到土壤肥力分级中的 1～2 级指标（表 3-1）。

表 3-1　土壤肥力分级参考指标

项目	级别		
	1	2	3
有机质/(g/kg)	>20	15～20	<15
全氮/(g/kg)	>1.0	0.8～1.0	<0.8
有效磷/(mg/kg)	>10	5～10	<5
有效钾/(mg/kg)	>100	50～100	<50
阳离子交换量/(cmol/kg)	>20	15～20	<15
质地	轻壤	砂壤、中壤	砂土、黏土

栽培苹果的土壤以土层深厚而肥沃的壤土和砂壤土最合适，有机质含量在 1.0%以上，活土层在 60cm 以上，土壤孔隙中空气含氧量在 15%以上。土壤微酸性到中性（pH 为 5.5～6.7），总盐量在 0.3%以下，地下水位低于 1.5m，田间持水量保持在 60%～80%，土地平坦，以利于排灌。

总之，苹果需要土层深厚、排水良好、含有充足有机质、微酸性至中性、通气良好的矿质土、壤质土、砾质土，当园地土壤条件与之不符时，必须改良。

（4）土壤 pH　苹果喜微酸性至中性土壤（pH 为 5.5～6.7），置换性石灰在 0.2%时生长良好，pH 在 4.0 以下时会导致生长不良，pH 在 7.5 以上时常出现严重的失绿现象。

3. 地形地势条件　苹果对地形地势无特殊要求，但为了栽培管理方便，最好选择坡度在 15°以上的缓坡丘陵和平地建园。

（1）平地　平地是指地势比较平坦或地表高度差起伏不大，坡度不超过 5°的平地或缓坡地。其特点是气候差异不大，土壤类型基本一致，交通便利，管理方便，便于机械作业，土壤流失少，土层厚，水分足，有利于果树生长，产量高，寿命长。其缺点是通风、光照、排水不如山地和丘陵地果园，果实上色不好，风味较差。根据平地的成因可分为冲积平原、泛滥平原和滨湖、滨海平地等。

1）冲积平原：地面平整，土壤肥沃，土层深厚，地下水质好。一般在离山或丘陵较近的地区。例如，邯郸—石家庄铁路沿线，在此地建园时主要考虑地下水位。地下水位不要过高，要低于 1.5m，果树才能正常生长。

2）泛滥平原：是河流泛滥后形成的平原，如黄河故道地区。一般为砂壤土，土层深厚，土壤通气、排水性好，保水、保肥力差，壤土导热快、昼夜温差大，果实品质较好。建园时要多施有机肥，提高土壤的保水、保肥能力。

3）滨湖、滨海平地是指江河的下游，由于其接近大的水体，温度会受大水体的调节，变化较小，自然灾害少。其缺点是地下水位高，含盐量高，土粒细，多有黏土，透气性差。土壤有机质含量低，易受台风或大风袭击。建园时要选地下水位低的地方，多施有机肥，改良盐碱地，营造防护林，如河北省的衡水、沧州、廊坊地区。

（2）丘陵地　　地面高度起伏不大，上下交通较方便。丘陵地区的土壤、肥力、水分条件变化很大，果园规划设计及管理难以统一，但丘陵地区通风光照条件好，果树生长好，结果早，果实品质好，耐贮藏。建园时要注意水土保持，防止水土流失，同时要建立灌水系统。

（3）山地　　山地光照充足，通风好，果实色泽好，风味浓，耐贮藏，山地地形复杂，高度变化大，而且海拔高。坡向、坡度影响土壤和小气候的变化。

一般来说，凡是年均气温 6～7℃及以上、绝对最低温度不低于–30℃、有一定土层厚度的地方都可建园。

（4）海涂　　海涂地势平坦开阔，自然落差较小，土层深厚，富含钾、钙、镁等矿物质营养成分；土壤含盐量高，碱性强；土壤的有机质含量低，土壤结构差；地下水位高，在台风登陆的沿线更易受台风侵袭；缺铁黄化是海涂地区栽培果树的一大难题。

坡度在 15°～25°时，光照比较充足，昼夜温差大，虽有利于增进果实着色与风味形成，但随着坡度的增大，土层变薄，含石量增加，土壤毛管水上升缓慢，造成土壤改良、水利工程、耕作、运输难度增大，成本高、效益低。坡度在 25°以上的地方，不宜大规模建园；坡度在 15°以下的地方是发展苹果的适宜地带。

地形地势对气候条件有重大影响，可利用地形地势形成的特殊小气候条件进行苹果栽培。

（二）无公害苹果产地环境条件要求

无公害苹果园应建于生态农业区内，并具备一定的苹果栽培面积和苹果生产能力，果园环境符合中华人民共和国农业行业标准《无公害食品苹果产地环境条件》（NY 5013—2001）。根据该标准，无公害苹果的产地环境条件要求包括产地选择、产地空气环境质量、产地农田灌溉水质量、产地土壤环境质量 4 个方面的内容。

1. 产地选择　　无公害苹果的产地要选在苹果适宜生态区内，周围不能有对环境造成污染的工矿企业，并远离城市、公路、机场等，避免有害物质的污染。

经对苹果园的大气、土壤、灌溉用水进行监测，符合标准的才能确定为无公害苹果的生产基地。

2. 产地空气环境质量　在我国的大气环境中，污染物种类繁多，对果园空气环境质量影响较大的污染物主要包括二氧化硫、氟化物、氮氧化物、固体悬浮微粒等。这些污染物既能直接伤害苹果树（如破坏叶绿素）以影响树体的光合作用，使花、叶片和果实褐变和脱落，还会在树体、果实内积累，危害食用者的身体健康。无公害苹果产地环境空气质量应符合表 3-2 的规定。

表 3-2　空气中各项污染物的浓度限值

项目（标准状态）	浓度限值	
	日平均	1h 平均
总悬浮颗粒物(TSP)/(mg/m³)	≤0.3	—
二氧化硫(SO₂)/(mg/m³)	≤0.15	≤0.50
二氧化氮(NO₂)/(mg/m³)	≤0.12	≤0.24
氟化物(F)/(μg/m³)	7	20
	1.8	—

注："日平均"指任何一日的平均浓度；"1h 平均"指任何 1h 的平均浓度

3. 产地农田灌溉水质量　　无公害苹果产地农田灌溉水要求清洁无毒，控制指标包括 pH、总汞、总镉、总砷、总铅、铬（6价）、氟化物、氰化物、石油类 9 项。除 pH 为 5.5～6.7 之外，其他污染物的浓度不得超过表 3-3 各项污染物的浓度限值。

表 3-3　农田灌溉水中各项污染物的浓度限值

项目	总汞	总镉	总砷	总铅	铬（6价）	氟化物	氰化物	石油类
浓度限值/（mg/L）	0.001	0.005	0.10	0.1	0.1	3.0	0.50	10

4. 产地土壤环境质量　　造成无公害苹果产地土壤污染的因素主要有：工矿企业和城市排出的废水、污水会污染土壤；工矿企业、生活燃煤及机动车排出的有毒气体会被土壤吸附进而污染土壤；农事操作时丢入土壤中的塑料膜及其他废弃物会污染土壤；苹果园施用农药、化肥会污染土壤。土壤中污染物的主要成分是有害重金属和农药，重金属包括镉、汞、砷、铅、铬、铜等，各种重金属的浓度不得超过表 3-4 无公害苹果产地土壤中重金属的含量限值。

表 3-4　无公害苹果产地土壤中重金属的含量限值　　（单位：mg/kg）

项目	不同 pH 条件下的含量限值		
	pH<6.5	pH 6.5～7.5	pH>7.5
镉	≤0.30	≤6.30	≤0.60
汞	≤0.30	≤0.50	≤1.00
砷	≤40	≤30	≤25
铅	≤250	≤300	≤350
铬	≤150	≤200	≤250
铜	≤150	≤200	≤200

二、园地的规划

苹果是多年生果树，一经建园，就要在固定的地方生长十几年甚至几十年。因此，对苹果园进行合理的规划设计和科学种植是十分必要的。

（一）园地区划

正确规划果园土地对果树生产和果园管理都有重要意义。若规划不当，会给生产管理带来不便，尤其会给水土保持和果园机械化作业等造成许多困难。因此，在园地规划时，要做到经济利用土地、便于管理和运输、保持园貌整齐，同时还要考虑长远规划的要求。要把小区的划分、排（排水）、灌（灌溉）、路（道路）、林（防护林）及建筑物的设施作为重点。

园地调查是小区（作业区或小班）划分的依据。正确地进行园地小区的划分，对以后园地的经营极为重要。苹果栽培所采用各项技术的效果及生产开支的多少，都与园地小区的大小和形状有密切的关系。小区划分不当，会给栽培管理带来很多困难。特别是给园地水土保持及机械化管理造成障碍。

（1）小区面积　　小区面积的大小依地形和土壤而定。如果建园面积较小，地形、土壤又较一致，可以不再划分小区；若建园面积较大，或地形、土壤条件有差异，就有必要划分若干小区。划区时，要以便于耕作、病虫防治、采收为原则。小区的面积过大，管理不方便，过小又会增加非生产性用地，也不便于机械作业。一般平原地可以 6～12 亩为一小区，丘陵山地根据具体情况划分。

合理划分小区，必须满足以下几项要求。

1）一个小区内的土壤、气候、光照条件大体一致。

2）便于防止园地的水土流失。

3）便于防止风害。

4）有利于园地的运输和机械化管理。

在最适栽培区，大型园地可以 8～12km² 为一小区；在普通的地方，可以 4～6km² 为一小区；在自然条件比较恶劣的山区，可以 2～3km² 为一小区；在切割较为剧烈和地形起伏不平的丘陵、山地，小区面积可缩小到 1～2km²。

（2）小区形状　　小区的形状，平地可采用（2～4）：1 的长方形，据地形情况也可采用正方形。山地、丘陵地及缓坡地可因地形划分成不同形状的小区，不论哪种形状的小区长边要与等高线平行，以利于水土保持。

小区的形状为长方形，使用机耕农具或机械沿长边进行耕作时，由于单程距离长，可以减少打转次数，提高工作效率。平地小区的长边应与有害风方向垂直；山地小区的长边必须与等高线平行。这样做的优点如下。

1）可以减少土壤耕作和排灌等工作的困难，从而提高劳动生产率。

2）在山地可以保证小区内土壤气候条件比较一致，从而便于在一小区内贯彻统一的农业技术。

3）在坡地可以减少土壤冲刷，尤其是在与小区长边一致的横坡耕作的情况下，效果显著。

（二）排灌系统的规划

为保证果树正常生长用水的需要，平原区 80～100 亩需配置一眼机井，尽量设置在一两条主路或支路上，以便管理，节省铺管的费用。

（1）灌水系统的规划　　灌水渠道位置要高，并与道路系统相结合，以减少非生产性用地。有条件的单位可用石料或水泥材料修建主渠道，减少水在途中的流失及渗透，节约用水，提高工效。果园滴灌和喷灌是今后发展的方向，采用滴灌或喷灌在果园规划时要考虑输水管道的铺设。

没有条件采取滴灌、渗灌供水的，可以采用沟灌或树盘灌水的方法。若附近水源方便，可采用明渠引水入园，干渠最好硬化。沟灌时沿行向在树两侧开 2 条浅沟，沟深 30～40cm，灌溉时将沟灌满水即可，水渗下后封土保墒。若不开沟，可在每株树下修 5m² 左右的树盘，灌水时将树盘灌满，水渗下后待土略干爽时及时浅锄保墒。这两种方法虽不及滴灌、渗灌节水，但较常规大水漫灌节水 30% 以上，而且对土壤结构破坏也较轻。此外，在干旱地区也可用穴贮肥水法。

（2）排水系统的规划　　苹果园的排水系统必须完善，对年降水量大或地势低洼的果园更是如此，并随时维护确保畅通，降水后多余水要及时排出果园，严防积水。排水系统可分为明沟排水和暗沟排水。

1）明沟排水：即在果园内每隔一定距离挖掘地表明沟，排出径流，一般山地和丘陵果园多采用此法。园内排水沟按自然坡度设置，将园地径流排到总排水沟中。当坡度较大时应修成阶梯式，每30~50m修一石谷坊，以减缓水流速度。总排水沟应与水库、塘坝、蓄水池等连接。平地果园采用明沟排水时，排水系统由园内小区的集水沟、小区边缘的排水支沟及排水干沟组成，集水沟一般沟底宽30~50cm、沟口宽80~150cm、沟深50~100cm，可根据土质情况适当增减。

2）暗沟排水：即在地下埋管道或其他易控水的材料，将园中多余的水分排出。暗沟可采用塑料管、混凝土管或陶瓷管。暗沟排水不占地面位置，方便作业，值得提倡。

不论在什么地方建园都应注意排水问题。首先摸清所要排出水的去向，再安排园内的排水系统。若园地较低，可采用机械抽水的方法向园外排水。

（三）道路系统的规划

苹果园的道路系统是由主路、干路、支路组成的。主路要求位置适中，贯穿全园，便于运送产品和肥料。在山地建园，主路可以环山而上，或呈"之"字形。干路须沿坡修筑。但须具有3/1000的比降，不能沿真正的等高线筑路。支路可以根据需要顺坡筑路。但顺坡的支路可以选在分水线上修筑，不宜将顺坡路设置在集水线上，以免塌方。大型园地不论平地还是山地，各种道路的规格质量如下。

1）主路：宽可为5~7m或6~8m，须能通过大型汽车。在山地，其沿坡上升的斜度不能超过7°，筑路质量必须与马路相等。

2）干路：宽可为4~6m或5~6m，必须能通过马车或小型汽车和机耕农具。干路一般为小区的分界线。

3）支路：宽2~4m，主要为人行道及供大型喷雾器通过，在山地支路可以按等高通过林木行间。在修筑梯田的园地可以利用边埂做人行小路，不必另开支路。

（四）防护林的规划

1. 防护林的作用 设置防护林的目的，在于改善园地的生态条件，保护树体的正常生长发育。其作用包括以下几个。

1）不仅可以降低39%~48%的风速，减少风害，还能有利于光合作用，降低蒸腾，促进根系吸收，免除和减少辐射霜冻的威胁，有利于辅助授粉。

2）调节温度，增加湿度，减轻冻害。

同时，山地和坡地苹果园建立防护林，还有保持水土、减少地表径流、防止冲刷的作用。近年来，我国有的苹果产区在防护林的设计中，本着以园养园、增加收益的要求，在树种配置中，除一般林木树种外，还增加了适应当地风土条件的果树如作为蜜源、绿肥、建材、筐材、油料等的树种，达到既能防风固沙、改善气候，又能增加收益的目的。

2. 防护林的营造

（1）防护林的配置　　防护林规划必须从当地具体情况出发，实行山、水、园、林、路综合治理，统筹安排，全面规划。防护林的有效防风距离为树高的25～35倍。防风林的方向和距离主要根据当地的风向和风力来确定，一般林带的反向与主风向垂直设置，不能与主要风向垂直时，可以有25°～30°的偏角，超过此限，防风效果显著降低。

（2）林带间距　　林带间的距离与带宽、带高及当地最大风速度有关，应因地制宜，灵活掌握。在一般条件下，主林带间的距离可按 300～400m 配置，在恶劣条件下（如风沙大的地区、滨海台风地区等）可考虑按 200～250m 配置。冀东风沙地区一般采用 150～200m 的间距，最大不超过 300m。条件较好的地区带距可适当加大。

副林带的带距在条件较好的地区可加大到 500～800m，风沙严重的地区也可缩减到 300m。有些地区于建园初期在道路、沟渠旁边栽树数行，待树长大后再行有计划地砍伐，逐年形成副林带。

（3）带内配置　　主林带行数与当地风速、林木树冠大小、园地地形及有无边缘林带有关。北部地区在配置边缘林带 10～15 行的条件下，主林带按 5 行栽植。黄河故道因风沙较大，其主林带按 5～8 行组成。副林带行数可根据实际情况安排 2～4 行即可。

至于带内栽植距离可采用：乔木的行距为 2～2.5m，株距为 1～1.5m。灌木的株、行距均以 1m 为宜。丘陵、沙地、山坡土薄，肥力低，株、行距可适当加大，但行距最小不能小于 2m，株距不得小于 1m。

此外，在树种的选择上，应具有生长迅速、树体高大（乔木）、枝繁叶茂、寿命长、防风效果好、与果树无共同的病虫害、不串根的特点。在配置上，应尽量考虑选用乡土树种，适当选用针叶树种，注意种类多样化，避免种类单一。生长期长短和材质软硬均需适当搭配。

（五）附属设施规划

附属设施包括房舍、药池和积肥场、选果场、冷库等，是苹果园生产管理中不可缺少的部分。

　　房舍主要包括管理用房和生产用房，如办公室、防护房、仓库等，应建在交通便利的地方。

　　积肥场也应是苹果园不可缺少的设施，若有条件可结合建立小型饲养场、沼气池，实现"四位一体"，通过种植饲料作物养殖牲畜，粪便积肥，沼气可供生活用。

第二节　土壤改良与整地

一、土壤改良

　　苹果树在生长发育过程中，需要从土壤中吸收大量的营养元素和水分，以满足生命活动的需要。但是，为了不与粮、棉争地，果园多建在土壤瘠薄的盐碱地、沙荒地和山坡丘陵地上。因此，为了实现苹果的高产、优质和可持续发展，在建园以前必须做好盐碱地、沙荒地和山坡丘陵地的土壤改良工作。

（一）盐碱地改良

　　苹果的耐盐能力较差，当土壤中总盐含量超过 0.3% 时，果树根系生长不良，叶片黄化甚至白化，发生缺素症，树体易早衰，经济寿命缩短，产量低，品质差，经济效益下降。因此，在盐碱地栽植苹果树时，必须进行土壤改良。改良措施如下。

　　1. 浇淡水洗碱　　果园中顺树行每隔 20~40m 挖 1 条排水沟，深 1m，宽 1.5m。同时在园外开挖深于园内排水沟的排水渠，使水能顺利地排出园外。修好后定期引淡水（如黄河水）洗碱。

　　2. 深翻增施有机肥　　有机肥施入土中后，经微生物分解产生有机酸，可中和土壤中的碱。有机物分解产生的有机胶体能把土粒黏结在一起，形成稳固的团粒结构，增大土壤孔隙，减少蒸发，能防止返碱。在有机肥缺乏的情况下，可以以草代肥，即结合深翻施入作物秸秆，在深翻的同时把秸秆铡碎与土壤混合，加点速效氮肥或人粪尿，也能起到隔碱、改碱的目的。

　　除此之外，一切能阻止毛管水上升、减少蒸发的措施都能改良盐碱地，如覆盖 15~20cm 的杂草，既能保持土壤墒情，又能防止盐碱上升。

（二）沙荒地改良

　　改良沙荒地，可采用以下方法。

　　1. 压土改良　　此法适用于在沙层下部无土层的沙荒地。一般常采用以"黏土压沙"和大量增施有机肥相结合的方法。即在压黏土的同时，施入大量的农家肥料，结合翻耕，使土肥与沙充分混合。

2. 深翻改良 此法适用于沙层下部有黄土层或黏土层的沙荒地。具体方法是，通过挖沟将沙层下的黄土或黏土翻到土壤表层，待充分风化后，再施入有机肥并与沙土混合，从而达到改良的目的。

此外，通过采取引洪漫沙，营造防风林固沙，以及种植绿肥作物，提高土壤有机质含量等措施，也可以起到改良沙荒地的作用。

（三）山坡、丘陵地改良

可以采用以下方法改良山坡、丘陵地。

1. 修筑水平梯田改良土壤 水平梯田有利于缩小集流面积，减少地表径流，保持水土，增厚土层，提高肥力。一般修筑得比较完善的梯田，应该达到以下的标准：梯田宽 5m 以上，梯壁厚度在 3.5m 以下，向内倾斜 60°～70°角；梯田长度不小于 20m；梯田面外高内低，即果农俗称的"外撅嘴，内流水"；实行竹节沟、贮水坝与排水簸箕三配套，以便降水少时将水贮积于梯田，降水多时顺沟将水排出，从而达到保土、蓄水和保肥的目的。

2. 客土改良土壤 根据地形、坡度和土质等情况，在遇到磐石、卵石、酥石层或黏土层时，应采用开大沟，挖大坑，炸药爆破炸碎磐石、酥石层和黏土层的方法，清除石块，换上好土，并加施农家肥回填土坑，即可将荒山秃岭变成高产的苹果园。

二、整地

整地就是通过人工或机械对土壤深耕整理，以改善土壤理化性状，便于将来操作，为幼树生长创造一个好的环境条件。

（一）梯改坡

对于坡度 15°以下的山地建园，建议将原来的梯田改成缓坡地，栽植时顺坡向栽植。梯改坡可以提高土地利用率，便于机械化作业。为防止水土流失，梯改坡的果园必须采用生草栽培。

（二）开挖定植沟（穴）

定植前挖定植沟或定植穴。定植沟宽 80～100cm，深 60～80cm；定植穴长、宽均为 80～100cm，深 60～80cm。平泊地要打破犁底层和下部的板结层，山丘地要求下部无石板层。回填时沟（穴）底施足充分腐熟的有机肥，注意肥料一定要与土壤混合均匀，有条件的最好在沟底铺一层作物秸秆。

作物秸秆和肥料距地面要保持 40cm 以上的距离，以免发生肥害，影响栽植成活率，回填后浇水使其沉实。

第三节　苗木选择和繁育

一、苗木选择

在建园苗木的选择上提倡用大苗建园。国外先进国家大多采用优质无病毒壮苗建园，苗木高度在 1.5m 以上，干径 1～1.5cm，在合适的分枝部位有 6～9 个分枝，分枝长度为 40～50cm，主根健壮，侧根多，大多数侧根长度超过 20cm，毛细根密集。采用矮化砧大苗建园，当年栽树，第二年结果，比传统建园提早结果 2～3 年，为苹果早果丰产高标准建园打下良好的基础。用大苗建园的优势有以下几个。

1）大苗营养积累充足，苗木根系健壮，侧根发达，栽植成活率高。

2）大苗建园缓苗期短或没有缓苗期。苗木的芽体充实饱满，萌芽早，萌芽率高，新梢生长量大，树势强壮，保证了园貌的整体一致性。

3）苹果大苗除有较强的主根系外，还有 4～5 条大侧根，并带有较多的须根，促进了根系的吸收，树体抗病虫能力相应增强。

4）大苗在苗圃中已进行两年的培养，树体内积累了足够的营养，定植后部分枝龄很快进入结果期，使结果期可以提前 2～3 年。

5）大苗定植后中干已基本形成，侧生枝形成较容易，树体成形快，缩短了在果园里无果期的时间，节省了土地，减少了管理费用。

二、苗木繁育

（一）实生苗的培育

1. 种子的采集和贮存　　应从品质优良、类型一致、无病虫害的母树上采取充分成熟的种子。采种的适宜时期以果实由绿色变为该品种固有的颜色，果肉变软，种子已充实饱满，种皮完全变褐时为准。对果肉无利用价值的树种（如山定子、杜梨等），可将采来的果子放在缸里或堆积存放，但堆放厚度不要超过 25cm，而且在堆放期间要经常翻动，等果肉软化后揉搓，然后用水冲淘取出种子。果肉可利用的果实，可结合果品加工取种，但要注意种子不能经过高温处理。种子取出后，应及时处理，以备贮藏和层积。

2. 种子的后熟和层积

（1）种子的后熟　　有些落叶果树的种子成熟后，即使遇到适宜条件也不能发芽，需要一个后熟过程。在一定低温、湿度和通气条件下，经过一段时间，使种子内部发生一系列生理变化，为种胚萌发创造了条件，这时再遇到发芽的适宜条件，种子就能萌发了。不同种类的种子，完成后熟需要的时间长短和条件不同。

（2）种子的层积　　秋播的种子是在田间自然条件下通过后熟，而春播的种子必须在播种前经过层积处理，使之完成后熟。层积多采用露地沟藏法。选地势高燥背阴的地方挖沟，沟深60cm，宽60～100cm，长度根据种子多少决定。层积时沟底先铺一层干净的湿沙，然后使种子与湿沙相间层积，或将种子与湿沙混合存放。混沙贮藏时，小粒种按1份种子5份沙的比例混合，大粒种子按1份种子15～20份沙的比例混合（至少要10倍沙），沙的湿度经手握成团，一触即散为宜。堆放到地面10cm时，可用湿沙将沟填平，再用土培高出地面。苹果主要砧木种子层积所需天数见表3-5。

表3-5　苹果主要砧木种子层积所需天数

种类	层积天数	种类	层积天数
山定子	30～50	河南海棠	30～40
楸子	60～80	湖北海棠	30～50
西府海棠	40～80	新疆野苹果	50～60

3. 圃地准备　　播前必须细致整地，首先要深翻细耙，一般深翻25～30cm。深翻的同时施入足够的有机肥料（如土粪、堆肥、厩肥、人粪尿等）改良土壤，同时混入尿素、碳酸氢铵、过磷酸钙及草木灰等速效氮、磷、钾肥料，提高土壤肥力。整地后即可做畦。

4. 播种

（1）播种时期　　可秋播，也可春播。应根据当地的气候条件、种子特性确定播种时期。如土壤理化性状好，土壤湿度较稳定，冬季短而不寒冷的，可在冬季土壤结冻前播种。春播一般在早春土壤解冻后进行。

（2）播种量　　单位土地面积内需用种子的数量叫作播种量。播种量要根据播种方法、种子质量和育苗量确定，见表3-6。

表3-6　苹果主要砧木每千克种子数和播种量

种类	每千克种子数/粒	播种量/(kg/hm²)
山定子	150 000～220 000	12～15
楸子	50 000～60 000	15～22
西府海棠	50 000	15～22
河南海棠	60 000～70 000	15
湖北海棠	100 000～120 000	15
新疆野苹果	40 000	30～45

（3）播种方法　　条播，按一定株行距开条形沟播种。点播，大粒种子多采用点播法，即按规定的株行距在播种畦中挖穴，在穴中放入种子。撒播，小粒种子可用此法。

（4）播种后管理　　播种后到出苗前争取不补水，以防土壤板结，降低地温，不利出苗，天气干旱时应及时补水。小粒种子播种后，常用稻草或地膜等覆盖，以减少水分蒸发，提高地温。待幼苗部分出土后，及时除去覆盖物。

5. 实生苗的管理

1）中耕除草，减少蒸发，提高地温，促进植株健壮生长。

2）早间苗，晚定苗，选优去劣，保证苗全苗壮。

3）在幼苗迅速生长期应及时追肥灌水，使砧苗在嫁接适期前，达到所要求的高度和粗度，提高砧苗嫁接率和成活率。

4）及时防治苗期病虫害。

（二）矮化砧嫁接苗的培育

苹果矮化砧嫁接苗俗称矮化苗，可分为矮化自根砧苗木和矮化中间砧苗木。苹果的矮化砧需要用压条或分株等无性繁殖的方法进行繁殖，以保证其矮化特性。

1. 无病毒矮化自根砧苗的繁育　　无病毒矮化自根砧苗的无性繁殖包括压条繁殖、扦插繁殖、组培快繁等方法。目前，生产上普遍应用的是水平压条法。

（1）栽植母株苗　　选用根系良好、枝条充实、粗度均匀、芽眼饱满的无病毒矮砧苗作母株，苗干剪留50cm长。充分浸根后，在栽植沟内按30cm的株距与地面呈30°～45°夹角倾斜栽植（梢尖朝北），填土踏实，连续灌两次透水后封土。定植后，及时覆盖地膜，提高早期土温，保持湿度。

（2）压苗　　母株苗成活后，于5月上中旬将苗木沿倾斜方向压倒在栽植沟内。前一株苗压倒后，其梢尖用后一株苗的根部压住。压苗时抹去基部芽和向下生长的芽，疏除过密芽，使母株上发枝间距保持在3～5cm。

（3）培土　母株上新梢长到 20cm 左右时，开始第一次培土，培土厚度为 10cm 左右，新梢埋入土中的部分摘掉叶片。以后随着新梢的增长再培土两次，每次间隔 10～15d，培土厚度均为 10cm 左右。培土总厚度不少于 25cm。培土为混合土，其中园土、腐熟锯末、细沙各占 1/3。

（4）分株　当年秋末土壤结冻前，扒开苗床，露出母株和砧苗。将砧苗从基部剪下，剪苗时适当留下少量砧苗作第二年的母株。留下的砧苗结合母株覆土防寒，压倒在地面，与母株间距约 10cm，灌好封冻水，培土越冬。

剪下的砧苗分级后，按 50cm 长剪截，打捆，标记，然后在 0～2℃的窖中贮藏沙培越冬。

2. 矮化中间砧木苹果苗的培育　矮化中间砧木苹果苗由基砧、中间砧和品种三部分组成，一般可两年育成。第一年同培育乔化砧木实生苗一样，先育成基砧苗，8～9 月在基砧苗的基部嫁接矮化砧芽，第二年春发芽前剪砧，加强肥水管理及除萌，于 5～6 月当苗木长到 35cm 左右时，在约 20cm 处芽接苹果品种，并在接芽上部留一个叶片剪梢，迫使接芽成活后及早萌发。接芽萌发后再将其上多留的部分剪掉，以利剪口早期愈合。加强抹芽、除草和肥水管理，秋后即可达到苗木出圃标准。

（三）苗木出圃

1. 出圃前的准备　苗木出圃是果树育苗的最后一个环节。出圃前应做好各项准备工作。首先，要对出圃苗木进行清查，核对出圃苗木的种类、品种和数量，做到数量准确，品种不混。其次，根据调查做出出圃计划，制定出圃技术操作规程，包括起苗技术要求、分级标准和包装质量等。

2. 起苗　起苗适期一般在霜降前后。起苗前若土壤干燥应提前浇水，这样挖苗容易，伤根少。挖苗时先把叶片摘除，尽量少伤根，掘起后应就地临时假植，用土埋住根系，避免风吹日晒。

3. 苗木分级　苗木分级是圃内最后的选择工作，对定植后的成活率和果树的生长结果均有密切关系。一定要根据国家及地方有关统一的分级标准，将出圃苗木进行分级。不合格的苗木应列为等外苗，不应出圃，留在圃内继续培养。

4. 苗木的修剪、检疫和消毒　苗木的修剪结合分级进行，主要是剪去过高的不充实部分、病虫枝梢和根系的受伤部分。

苗木的检疫是防止病虫传播的有效措施。凡列入检疫对象的病虫，应严格控制，不使之蔓延，即使是非检疫对象的病虫也应防止传播。因此，出圃苗木需要进行很好的消毒。其方法如下：石硫合剂消毒，用 4～5°Bé 的溶液浸苗木 10～20min，再用清水冲洗根部 1 次；波尔多液消毒，用 1∶1∶100 药液浸苗木 10～

20min，再用清水冲洗根部 1 次；升汞水消毒，用 0.1%浓度的药液浸苗木 20min，再用水洗 1～2 次。

5. 苗木假植、包装和运输　　第二年春栽或外运的苗木，分级消毒后需进行假植贮藏。在圃内就地开沟，沟深宽各 1m，长度以苗木多少而定。假植时将苗木分层斜放沟内，根部盖土浇水，以防漏风，不同的品种应分沟假植，详加标记，严防混杂。

苗木外运必须妥善包装。包装材料可用稻草包、蒲包、塑料袋等。包装前应将包装材料充分浸水，保持一定湿度。每 50～100 株一捆，包好后标明品种、砧木名称及等级，避免混杂。

第四节　规模化栽植

（一）栽植行向

栽植行向一般采用南北行。因为东西行树冠北面自身遮阴比较严重，尤其是密闭果园盛果期株间遮阴更为突出。

（二）栽培密度和方式

在一定的环境条件下，合理密植可以增加叶面积，有效地利用光能，提高单位面积产量。但是密植并非越密越好，密度过大，光照不足，通风不良，下部枝条干枯，结果部位上移，产量下降，果实质量变差，管理不便且费工。因此，要根据下列具体条件决定栽植密度。

第一，根据不同品种、不同树形在科学管理的情况下盛果期树冠的大小确定。

第二，根据不同的砧木种类确定。

第三，根据不同立地条件（土壤、气候）确定。

第四，山地、丘陵地还要考虑土壤、坡度、坡向。

各种栽培类型的栽植密度见表 3-7。若为了增加前期经济效益，可以进行计划密植。

表 3-7　苹果栽植密度

品种、砧木类型	常规栽植		计划密植	
	株、行距/m	亩栽株数	株、行距/m	亩栽株数
矮砧+短枝型	（1.5～2）×（2～3.5）	95～222	—	—
矮砧或短枝型	（2～3）×4	56～83	2×3	111
乔砧普通型	（3～4）×（4～6）	28～56	2.5×3.5	76

在苹果栽培实践中，栽培密度因采用的品种、砧木、树形和果园的地势、土壤、气候条件及管理水平的不同而异。品种不同，长势不同，树冠的大小也有差异。例如，'华冠''富士'等普通品种树冠较大，而'短枝富士''新红星'的树冠则较小。砧木对树冠的大小也有很大影响，用海棠砧的苹果树树冠比用山定子砧的树冠小；如选用矮化砧和半矮化砧，树体则明显矮小。在我国中部丘陵地区'红富士'苹果嫁接在八棱海棠砧上，植株可高达 5m 多；嫁接在半矮化砧 M_7、MM_{106} 上，树高一般为 3~4m；嫁接在矮化砧 M_9、M_{26} 上，株高仅 3m。在地势平坦、土壤肥沃的果园，树体长势强，栽植密度应小一些；反之在比较瘠薄的丘陵地，栽植密度可以大一些。在低温、干旱、大风地区，果树生长往往受到抑制，栽植密度应稍大；而在气候温暖、雨量充沛的地区，果树生长旺盛，树体高大，栽植密度则应该小些。此外，栽植方式与管理水平对树体的影响也很大，对栽植密度也有一定的影响。

规划果园时，同一果园的栽植密度应力求一致。具体到一个果园的栽植密度，要因品种、砧木及自然条件的不同而定。乔化砧苹果树栽植的密度株距为 3~4m，行距为 4~5m，每亩栽植 33~55 株；半矮化砧和短枝型苹果树栽植的密度株距为 2~3m，行距为 3~4m，每亩栽植 55~83 株；矮化砧苹果树栽植的密度株距为 1.5~2m，行距为 3~4m，每亩栽植 83~148 株。

（三）品种的选择和配置

1. 品种选择的依据　　优良品种是生产优质苹果的根本条件，要想建立果园，选品种极为重要。

（1）品种的生物学特性与对环境条件的适应性　　影响苹果栽培的环境条件是多方面的。从土壤、地势方面来说，包括土壤质地、pH、有机质含量及丘陵的坡度、坡向等；从气候方面来说，温度、光照、降水量等都是很重要的因素。有些因素可以通过人为改造和控制，达到果树生长的要求。例如，降水量不足可以通过人工灌溉，土壤有机质缺乏可以通过追施有机肥来补充等。但有些因素不能或不易人为控制，如温度，这类因素常成为决定能否栽培苹果的限制因素。例如，富士系品种、'新红星'苹果在我国西北地区表现着色好、品质优良，但在长江以南地区栽培则截然不同，甚至不能正常开花结果；一些短低温品种，如'安娜''藤牧一号'，在南方地区栽培能正常开花结果，在东北地区则有受冻害的危险。一些抗寒品种可以在冬季-25℃以下的环境中正常越冬。品种之间对环境条件的适应性差异很大。因此，选择栽植品种必须根据品种的生物学特性，结合当地自然条件全面考虑，能适应当地自然条件的品种才能在当地正常结果。

（2）选择当地表现优良的品种　　优良品种除品质优良外，还要求具有结果早、丰产性强、稳产、耐贮运等优点。但是，任何一个品种都不可能完全具备这些优点。因此，在选择品种时，要综合评价品种的性状，选择适合当地栽培的综合经济性状优良的品种。

2. 不同成熟期品种的搭配　　苹果品种有早、中、晚熟之分。各地果园应根据当地环境、市场状况妥善安排，调整品种之间的比例结构。

不同品种成熟期的比例搭配要从市场需求、果园工作安排、贮藏运输等方面考虑。面积不大的果园对品种组成的比例要求不甚严格，但对大面积栽培不同成熟期的苹果品种比例则不能忽视，应根据生产销售情况加以调节。

我国 20 世纪六七十年代主栽的品种是'国光''金冠''元帅''红星''青香蕉'等，目前早已淘汰。'国光'苹果个小，着色差，在国内外市场上无竞争力；'金冠''元帅''红星'的贮藏性差；'青香蕉'的生产性能不良。自 20 世纪 90 年代以来，主要推广了着色系富士、嘎拉系、'华冠'和以'新红星'为代表的短枝型元帅系品种及一些早熟品种，这些品种在生产上起到了很大的作用。随着新品种的不断推出和市场需要的多样化，生产上仍需要不断更新和调整品种组成。

栽培面积超过 2000 亩的大型果园，如果品种单一、成熟期集中，对果实采收、运输、贮藏、销售的工作安排不利，日常的管理也不方便。所以，在考虑选择品种时，应特别注意各品种成熟期的搭配，以便果园周年的工作量能得以较均衡的安排。

3. 品种的选择还要因地理位置而异　　我国南方与北方、平地与山地选择适宜栽培的品种组成比例是不完全相同的。北方苹果产区以栽培晚熟、优质、耐贮藏的品种为主，通过贮藏达到季产年销。晚熟品种在长江流域因生长季节高温多湿，病虫危害严重，有些甚至不能正常开花结果。该地区适宜选择栽培早中熟品种，以求早采早上市，避开病虫危害。山地果园一般运输不便，种植耐贮运的晚熟品种则优于不耐贮运的早熟品种。

在我国西北黄土高原和环渤海湾地区等苹果优生区域，重点进行高档优质果生产，可选的品种很多，但应因地制宜地选择 3～5 个既适合消费者口味，又能在国内外水果市场上有一定竞争力的品种。在成熟期上可考虑早熟品种占 10% 左右，中熟品种占 20%～30%，中晚熟和晚熟品种占 60%～70%。

（四）授粉树的配置

苹果大部分品种自花不实，所以在建园时需选择合适的授粉品种，配置授粉树。授粉树的结果年龄、开花期、树体寿命等应与主栽品种相近，而且要求果实质量好、花粉量大。另外，选择授粉品种时应注意同类型品种内各品系不能互作授粉树。三倍体品种如'乔纳金'不能用作授粉品种。主栽品种是三倍体品种时，应选择两个以上能互为授粉树的品种。授粉树按主栽品种 1/8～1/4 的比例配置，主栽品种与授粉品种之间的距离应在 20m 以内。

　　授粉树在园中配置的方式很多，在小型园中做正方形栽植时，常用中心式栽植。在大型园中配置授粉树，应当沿着小区长边的方向按行列式整行地栽植。授粉树间的距离，应该相隔 3～4 行。在梯田化的坡地，可按梯田行向，间隔 3～4 行栽植一行授粉品种。主要品种的授粉组合见表 3-8。

表 3-8　主要品种的授粉组合

主栽品种	授粉品种
元帅系普通型	金冠、富士系普通型、王林、津轻系
富士系普通型	王林、新世界、嘎拉系、津轻系、金冠、红星、秦冠
元帅系短枝型	富士系和金冠系短枝型及红富士、王林等的矮化砧树体
富士系短枝型	元帅系短枝型及王林、新世界、津轻等的矮化砧树体
嘎拉系	美国 8 号、摩利斯、藤牧一号、津轻系品种
津轻系	美国 8 号、摩利斯、嘎拉

　　果园的品种过多，管理不方便，在选择主栽品种和配置授粉品种时，应尽量减少品种数量，每个果园有 1～3 个主栽品种，全园共以 2～6 个品种为宜。由于三倍体品种的花粉不育，如采用三倍体的品种，配置授粉树时至少还应有两个能相互授粉的品种。

　　当授粉品种与主栽品种经济价值相同时，可采取等量配置，但要开花期相同，对授粉才有利。

　　此外，有些苹果的品种，在某些地区，是自花结实的，而在另一些地区，往往又是自花不实的。外界环境条件越是适于该品种生长，则自花结实性越能表现出来。在辽宁南部的利寺乡，'国光'苹果单栽一个品种，1957 年前后，盛果期产量很高，但近年却需要人工授粉，否则产量不丰。由此可见，自花能实品种也以配置授粉品种为宜。

（五）栽植时期

　　苹果树的栽植时期，一般可分为春季、早秋和秋季三个时期，春季为常规定植，早秋为带叶定植，秋季为去叶定植。具体栽植时期，可根据当地的气候条件而定。

　　1. 春季定植　　在土壤化冻后、苗木发芽前进行。在冬季严寒、风大、干燥少雪的地区，常进行春季栽植。这样虽然发芽晚，缓苗期长，但成活率较高，并可减少秋植时埋土越冬防寒的人工费用。

2. 早秋带叶定植　　在北方苹果产区，秋季多阴雨天气，是苹果苗木定植的有利时期。早秋带叶栽植，多于 9 月中旬至 10 月上旬进行。由于这时土壤墒情好，根系恢复快，并且苗木带有大量的叶片，能进行正常的光合作用，可以制造和积累一定的光合产物，有利于根系再生。所以，定植后成活率高，并能在翌年春天生长旺盛。带叶栽植应具备以下条件：就地育苗，就近栽植；起苗时少伤根，多带土，不摘叶，随挖随栽；选雨天或雨前定植，提高成活率。

3. 秋季去叶定植　　在晚秋苗木落叶后、土壤结冻前进行。此时，土壤的温度和墒情均有利于根系伤口的愈合和新根的生长。因此，苗木定植后翌年春发芽早，新梢生长旺，成活率高。在冬季风多寒冷地区，栽后要灌透水，并在土壤结冻前按倒苗木，埋土越冬。

（六）栽植方法

栽植前 1～2 个月根据规划的株行距挖好定植穴或定植沟。密植果园一般挖成定植沟，沟宽 1m，深 0.8m，定植穴应 1m 见方。挖土时下层土与表土分开堆放，每个定植穴内施入 50kg 的厩肥或堆肥、1kg 磷肥，有机肥与磷肥分 2～3 层填入穴中，每层均需与土壤充分拌匀，先填表土后填下层土。不能将肥料一次放入穴底再加土，这样既失去了改良土壤的作用，肥料在穴底也难以分解，不能为果树根系所吸收。定植穴回填后要灌足水，使土壤充分沉实。苗木栽植时应注意以下几点。

第一，根系要舒展，过长的直根需适当剪短，根系周围应有熟土和少量充分腐熟的有机肥料，严格防止有机肥成堆与根系接触。

第二，苗木栽植时应将土踩实，并将苗木用手轻轻上提一下，使根系与土壤密接，一次浇足底水。

第三，严防栽植过深或过浅。实生砧苗或矮化自根砧苗栽植的深度与苗木在苗圃内的入土位置相同；矮化中间砧苗的中间砧段部分入土，肥水条件好的园地中间砧段以入土 1/3 为宜，旱地果园中间砧段以入土 2/3 为宜。

（七）栽后管理

苗木定植后的当年管理至关重要，若管理得当，不仅能缩短缓苗期，还能加速当年苗木的生长量，促使幼苗多发枝、发好枝，为培养丰产树体、早结果打下良好基础。

1. 加强肥水管理　　苗木栽植后要保持土壤墒情。当苗木新梢长到 15～

20cm 时，可追施少量速效性氮肥。一般每株施尿素 0.1kg，20d 后再追施 0.1kg。进行 2～3 次叶面喷肥，喷施 0.2%～0.3%的尿素，并适时灌水，以保证幼树健壮生长。

2. 合理间作　　选择矮秆、浅根、与果树无共同病虫害或中间寄主的作物进行间作。有条件的地区，应推广果园生草或间作有害昆虫趋避植物，改善果园生态环境。

3. 病虫害防治　　针对幼树期出现的虫害，如红蜘蛛、蚜虫、卷叶虫和潜叶虫等，及时喷药防治。

4. 树上管理　　苗木成活发芽后，应去除基部萌蘖和主干上 40cm 以下的分枝。对整形带内的分枝，选留顶端直立旺枝作为中心主枝延长枝，对其下部相邻近的竞争枝进行拉枝开角、摘心等措施，控制其生长势。对整形带内的其他新梢，可拿枝软化以增加开张角度，或在新梢长到 20cm 左右时，先将基部软化，再用牙签将枝梢支开或使用专用开角器开张角度。

第四章　优质高效保证：苹果园无公害高效土肥水管理技术

苹果树在每年的生长发育和大量结果过程中，根系必须不断地从土壤中吸收各种养分和水分，充分供应果树正常生长和结果的需要。土壤环境条件的好坏，特别是水、肥、气、热的协调情况，直接影响根系的生长和吸收，影响果树的生长和结果状况。所以要达到树体健壮、丰产稳产、果实优质的目的，必须加强土肥水管理。

第一节　土　壤　管　理

一、着眼于地下，改善根系生长的环境条件

（一）推广应用起垄沟灌栽培技术

起垄沟灌栽培技术是针对当前生产上土壤管理存在的突出问题而提出的一种新的果园土壤管理模式。所谓起垄沟灌，就是行间开沟，将取出的土覆到树盘下，抬高树盘，使树盘隆起，呈拱形，行间沟既是灌水沟，又是排水沟。

1. 方法　　行间开沟，沟宽根据行距而定，一般为80～100cm，深20～30cm，将取出的土覆到树盘下，使树盘呈拱形，树干基部与沟底形成30～40cm的落差。山地梯田果园可两侧开沟，但应内堰深，外堰浅，一般内堰深度可达到20～30cm，宽度可达到40～60cm，外堰深、宽各20cm，并将取出的土覆到树盘下。

2. 时间　　春季和秋季均可，在开沟过程中如遇到根系，无论大根还是须根均应将其截断。

3. 优点　　实验结果表明，起垄沟灌栽培模式比平地栽培更有利于根系的生长，综合起来有以下优点。

（1）预防涝害　　起垄沟灌栽培模式树盘高于行间，且呈拱形，雨季行间就是排涝沟，可有效预防涝害的发生。

（2）增加根系生长的活土层厚度　　起垄沟灌栽培模式是在行间开沟，所取出的土全部是活土，并覆盖到树盘下，从而使根系生长的活土层厚度增加。

（3）保持土壤的通透性，改善根系生长的环境条件　　起垄沟灌栽培模式由

于树盘高于行间，且不在树盘浇水，无论是灌溉还是降雨，根系周围均无多余的水分占据土壤孔隙，从而保持土壤的通气性，确保根系生长有足够的氧气供应，促进表层根的生长发育。实验结果表明，起垄沟灌栽培技术 10～20cm 土层的吸收根和毛细根明显多于平地栽培的果树；20～40cm 土层除分布大量的毛细根外，侧根发生量也较大，且粗度较平地栽培明显变细。

（4）节约用水　　行间沟既是排涝沟，也是灌溉沟，浇水时把沟灌满即可，至少可节约用水 50%以上。

（5）提高肥料利用率，减少养分流失　　与平地栽培施肥方法一样，肥料仍施于树盘下，起垄沟灌栽培模式由于树盘高于行间，且不在树盘下浇水，施肥部位不产生过多的重力水，也就减少了肥料的流失，提高了肥料的利用率。

（6）预防苦痘病、黑点病等生理病害的发生　　由于改善了根系生长的环境条件，促进了表层根的生长，使养分吸收平衡，从而可有效预防苦痘病、黑点病等生理性病害的发生。

（7）提高果品质量明显　　良好的根系生长，使树体有充足的养分供应，对于确保果品产量和质量起到了良好的作用。实验结果表明，起垄沟灌栽培模式果面洁净，外观质量明显提高。

4. 起垄沟灌的几个误区　　误区一：担心伤害根系，影响树体生长。断根相当于对根系进行短截，春、秋断根有利于新根的萌发，促使侧根大量发生，促进根系更新，增加毛细根数量，从而有效调整树上枝类组成，增加短枝数量，促进花芽形成，对树体生长无任何不良影响。国外早就有通过机械断根进行根系修剪，以实现更新根系、控制树体长势、促进花芽形成的做法。

误区二：起垄不标准，起垄后仍采用树盘灌水。起垄沟灌栽培技术的核心就是杜绝树盘灌水，降低根系周围的含水量，增强土壤的通透性。为此，起垄沟灌必须使树盘呈拱形，防止树盘积水。

误区三：担心一次覆土过厚，影响根系生长。行间开沟宽度根据行间而定，深度仅有 20～30cm，所取出的土覆到树盘下一般厚度不会超过 10cm，对根系生长无任何不良影响。

误区四：担心水量不够。果树对水分的需求并不是越多越好，过多的水分往往造成树势旺长，不利于缓和树势，影响到花芽的形成。其实只要 10cm 以下土壤保持一定的湿度，就能满足果树生长发育的需要。灌水时只要把行间沟灌满，即可维持根系生长的土壤湿度和供水能力，不存在水量不够的问题。

（二）改革土壤耕作制度，变清耕制为覆盖制和生草制

1. 覆盖　　生产上清耕弊端太多，在降雨量极少的干旱丘陵地区，果园生草

会受到土质和水的限制，因而，提倡果园地表覆盖技术。

（1）覆草　　覆草可改良土壤，提高土壤的有机质含量，减少土壤水分蒸发，调节地温，抑制杂草等。覆草以麦草、稻草、野草、豆叶、树叶、糠壳为好，也可用锯末、玉米秸、高粱秸、谷草等。覆草一年四季均可进行，但以在夏末、秋初覆草为好，覆草前应适量追施氮素化肥，随后及时浇水或趁降雨追肥后覆盖。覆草厚度一般不低于 20cm，一般每亩覆盖 1000～4000kg 秸秆，为了防止大风吹散草或引起火灾，覆草后要斑点状压土，但切勿全面压土，以免造成通气不畅。覆草应每年添加，保持一定的厚度，几年后搞一次耕翻，然后再覆。为了提高覆草和秸秆的腐烂速度，在覆盖时可以适当加入一些生物菌，即在完成覆盖之后，在覆盖草丛的中间或空隙中将其扒开，适量施入。另外，覆草应该注意防火防涝及病虫害防治。

（2）覆膜　　一般在春季干旱、风大的 3～4 月进行，覆盖时可顺行覆盖或只在树盘下覆盖。树下覆膜能减少水分蒸发，提高根际土壤含水量；盆状覆膜具有良好的蓄水作用；覆膜可以提高土壤温度，有利于早春根系生理活性的提高，促进微生物活动，加速有机质分解；覆膜还能明显提高幼树栽植成活率，促进新梢生长，有利于树冠迅速扩大。另外，覆膜还有促进果实成熟和抑制杂草生长的作用。

但对于晚霜较重的地区来说，若物候期提前，覆膜会增加花期冻害的概率。另外，覆膜不能提高果园肥力。因此，并不提倡在缺水并不严重的果园中单独使用覆膜技术。有报道，在干旱地区的旱季采用覆膜+覆草和覆草、覆玉米秆一样能有效提高果园土壤水分含量，满足和促进苹果树体正常生长发育的需要，其集雨保墒效果显著优于对照和生草处理。也不提倡在晚霜比较严重的地区进行覆膜。银色膜可以增加底部散射光反射（增加幅度为 200%～300%），有利于改善果园光照，提高果实着色程度和可溶性固形物含量。因此，可以采用前期种植夏绿肥、秋季清耕铺反光膜的土壤管理模式。

（3）覆沙（砾石）　　苹果覆沙栽培是甘肃陇东地区的传统栽培模式。覆沙能促进苹果幼树生长，保护根系，减少土壤水分蒸发，改善土壤理化性状和团粒结构，增加土壤通透性，加速有机质分解，有利于根系生长。覆沙还能较好地保持土壤水分，加大温差，提高花前地温，促进树体生长，降低病虫害发生率，加上有反射光的效能，对果实生长、着色、含糖量、硬度、可溶性固形物含量、维生素 C 含量都有不同程度的提高和增加。

覆沙的方法是在果树定植后，将树干周围 1m 范围内的土壤挖松耙平，在上面覆盖 1 层 5cm 厚的细绵沙（每亩果园需沙 20～25m^3）。以后每年在树冠外围挖宽 40cm、深 60cm 的环状沟，结合深翻，逐年覆沙，至株间全部覆沙后，再于行间开沟深翻，施肥覆沙，直至全园覆盖。以后，每隔 3～5 年再覆盖一层 2.5cm

厚的细绵沙。研究表明，覆沙 4～7 年，保墒效果明显，10 年后会逐渐减弱，需要换沙。

覆盖的砂石直径为 2～5cm，覆盖厚度为 4cm 左右。砂石覆盖能够提高水分利用率，提高果实产量，尤其丰水年增产效果显著，产量可比清耕果园提高 135.63%。但较高的产量就需要消耗较多的水分，导致砂石覆盖的土壤水分总量最低。

2. 果园生草　　生草栽培的方法有自然生草法和专门种草法。自然生草法是利用果园自然生长的杂草，其优点是不用人为处理，缺点是效果较差，10 年有机物的含量才能提高 1%左右。专门种草法是人为种植利于改良土壤、增加土壤肥力的专用草类；种草种类有牧草和麦、黑麦等种类，牧草用草主要有高酥油草、意大利黑麦、果园草、红三叶草、白三叶草等，特别是三叶草、紫花苜蓿、黄豆和豆科牧草具有固氮菌作用，可以增加土壤氮含量。另外，牧草类大部分为多年生，一年种植，多年收获，抗病能力强，是非常好的生草种类。麦、黑麦秸秆较高、根比较深，秋天播种，第二年 4～5 月将其翻倒在地里，可以调节土壤的水分，向土壤供应大量有机物，提高土壤有机质含量等。

总之，苹果园郁闭以前，在园内种植豆科牧草，可起到减少地表径流、保持水土的作用，根瘤固氮供给苹果树使用；牧草死后，其根系腐烂留在土壤中作为有机质归还土壤；草丛是一些有益生物的栖息场所，同时可减少害虫发生危害；可提高园地湿度，降低园内温度，减轻日灼危害；牧草收割后可作为绿肥施用于苹果树，也可饲养牲畜，经牲畜转化为肥料来养树，减少化肥用量，提高经济效益和生态效益。

二、深翻熟化土壤

（一）深翻时期

秋季深翻，苹果树地上部分生长缓慢，同化产物消耗较少且已开始回流积累。根系正值秋季生长高峰，伤口容易愈合，也容易产生新根。深翻后经过漫长的秋冬期，有利于土壤风化和蓄水保墒，还可冻死越冬害虫。同时，通过灌水或降雪土壤下沉，可使土壤与根系接触更密切。春季深翻，苹果树根系即将萌动，地上部分尚处于休眠期，伤根容易愈合并再生新根。早春深翻，可以保蓄土壤深层上升的水分，减少蒸发，深翻后及时灌水，可提高深翻效果。夏季深翻应在根系第二次生长高峰之后进行，深翻后正值雨季到来，土壤与根系紧密结合，不至于发生吊根和失水现象，湿润的土壤有利于根系吸收水分，促进树体生长发育。据调查，深翻可使每平方米根系增加 2 倍多，根系垂直分布较未深翻的深 1 倍左右，新梢和枝量也有明显增加。冬季深翻一般在入冬后，多结合果园基本建设进行，在严寒到来之前结束。冬季深翻时将秸秆、杂草、修剪枝等废弃物用机械粉碎后填入坑底，可起到贮水保水和增加土壤有机质的目的。深翻后要注意及时回填，防止晾根和冻伤根。总之，果园深翻一年四季均可进行，各个时期都能起到改善土壤物理结构和化学性质的效果，各地应根据实际情况，依据劳力状况、树龄、灌溉条件、气候等统筹安排，灵活运用。

（二）深翻深度

深翻深度与地区、土质、砧木等有关，原则是尽可能地将主要根系分布层翻松。苹果树枝干高大，枝叶繁茂，根系分布广而深，深翻深度一般要求60～80cm。黏土地透气性差，深度应加大；沙土地、河滩地宜浅些。山地耕层以下为半风化的酥石、沙粒、胶泥板、土石混杂，深翻时应打破原来的层次，深翻时拣出沙粒、石块等。对土壤条件特别差的，应压肥客土，改善土壤结构。生产中深翻深度要因地、因树而异，在一定限度内，深翻的范围超过根系分布的深度和范围，有利于根系向纵深发展，扩大吸收范围，提高根系的吸收功能和可逆性。

（三）深翻方法

1. 扩穴深翻　　在幼树栽植后的前几年，自定植穴边缘开始，每年或隔年向外扩挖，挖宽1～1.5m的环状沟，把土壤中的沙石、石块、劣土掏出，填入好土和秸秆杂草或有机肥。逐年扩大，至全园翻通翻透为止。

2. 隔行或隔株深翻　　第一年深翻1行，留1行不翻，第二年再翻未翻的1行。如果是梯田苹果园，可在一层梯田内每隔2株树翻1个株间，隔年再翻另一个株间。这样，每次深翻只伤一面根系，对树体根系恢复有利。

3. 全园深翻　　除树盘下的土壤不再深翻之外，一次将全园土壤全都深翻，这种方法便于机械化作业。其缺点是伤根多，面积大，多在树体幼小时应用。

4. 带状深翻　　即在果树行间或果树带与带之间自树冠外缘向外深翻，适于宽行密植或带状栽植的果园。

生产中无论采用何种深翻方式，都应把表土与心土分开放置，回填时先填表土再填心土，以利于心土熟化。如果结合深翻施入秸秆、杂草或有机肥，可将秸秆、杂草施入底层，有机肥与心土混拌后覆盖于上层。深翻时要注意保护根系，尽量不伤或少伤根，直径1cm以上的根不可截断，同时避免根系暴露时间太久或受冻害。

另外，需要注意的是：在土壤管理中，除搞好深翻改土外，每年要进行数次浅翻，一般在春、秋进行，秋翻深度为20～30cm，春翻可浅些，以10～20cm为宜。既可人工挖、刨，也可机耕。有条件的地方最好进行全园浅翻，也可以树干为中心，翻至与树冠投影相切的位置。

三、间作

间作可形成生物群体，群体间可互相依存，还可改善园区气候，有利于幼树生长，并可增加收入，提高土地利用率。合理间作既可充分利用光能，又可增加土壤有机质，改良土壤的理化性状。

（一）果树间作间养应遵守的原则

在苹果园或周边进行立体种养必须以果树作为主体作物，一切农事活动都应以果树为中心，不论是间作物还是间养的畜禽都不得对果树有不利影响或伤害果树。具体原则如下。

1）不得间作高秆作物和攀缘作物。高秆作物遮阴，影响果树的光照，攀缘作物的藤蔓缠绕果树，严重抑制果树生长，使树势衰，结果少，甚至树死亡。

2）间作物不得与果树有明显的争夺肥水的矛盾。间作物不得离果树主干种植过近而与果树争夺肥水，同时尽量不要种植深根性作物，间作物的最适宜种类是豆科作物，豆科作物根系有根瘤菌，具有固氮作用，其所固定的氮素除自需外，尚能供果树根系吸收利用。

3）不得与果树有共生性的病虫害。

4）间作物与果树生长期、成熟期和收获期的时间应不同，以免造成劳力紧张。

5）间养的畜禽类不得伤害果树。在苹果园发展养殖业，最好选择禽类如鸡、鸭、鹅，畜类最好选择羊。

间作种类和形式应以有利于苹果的生长发育为原则。幼龄苹果园间作物要求植株矮小，根系浅，生长期短，大量需肥需水时间与苹果树错开，病虫害少，与苹果树没有相同的病虫害或不能是苹果树主要病虫害的中间寄主。适宜的间作物种类有小麦、豆类、薯类、花生、草莓、药用植物等，不宜间作瓜菜，否则幼树易遭大青叶蝉为害。立地条件好，长期实行间作的苹果园，其间作物种类较多，既有高秆的玉米、高粱等，也有矮秆的小麦、豆类、棉花、薯类、瓜菜等，但要加强肥水管理，才能获得果粮双丰收。在荒山、荒滩建立的苹果园，立地条件较差，土壤肥力较低，间作应以养地为主，可间作豆科作物。已经郁闭的苹果园一般不宜间种作物，有条件的可在树下培养食用菌，如平菇。

不要间作秋菜及秋季需水量大的作物，避免后期因浇水过多而引起的枝条徒长或引起大绿浮尘子为害而造成冬季抽条。

（二）间作套种应注意的几个关键问题

1. **作物种类的组合**　　搞好间作套种作物的组合搭配，应选择生物学互助作用最大、抑制作用最小的作物种，组成间作套种。首先，采用具有生物化学互相促进，彼此保护上部器官和根系分泌物（包括生物刺激物质、抗生素物质），能促进间套作物生长发育的作物种组成间套组合。其次，还应采用生长期长的和生长期短的，植株高的和植株矮的，根系浅的和根系深的，株态开张型的和直立型的，喜光的和耐阴的，喜湿的和耐旱的，需氮多的与需磷、钾多的，以及共生期生育高峰可以错开的等植物学性状具有差异并可以互补（助）的作物种组成间作套种。

2. **间作套种品种的选择与搭配**　　作物种间套种组合确定之后，品种的选择和搭配也是影响套种效应的重要因素。一方面，不同品种具有不同的植物学特征和生物学特性，对组成的间作套种会产生不同的影响；另一方面，不同的套种组合和不同的套种结构，对品种的要求和品种遗传潜能发挥也不相同。为了保证复合群体良好发展和套种品种遗传潜能的充分发挥，以及边际效应的充分利用，间套品种的选择与搭配需要从以下三个方面考虑。

（1）选择边际效应值和产量保证率高，遗传增产潜力大的品种　　尽管各种作物的不同品种都具有边际优势的生物学现象，但是不同品种间边际效应值是不一样的。边际效应值越高的品种，套种与单种相比，单位面积产量的保证率越高。如若品种套种组合搭配得当，彼此互相帮助，互相促进，品种就能最大限度地发挥其遗传增产潜力，使产量的保证率接近甚至达到100%。同时，随着间作套种中边际效应的发挥，作物遗传增产潜力的挖掘，要求间套品种应是具有很大遗传潜力的高产抗病品种，使之利用间套栽培，在有限的时空内获得最大的生产效益。

（2）选择能够组成良好复合群体结构的品种　　在间作套种中，边际效应的发挥与利用，主要取决于间套作物品种所构成的群体结构。不同的群体结构，需要不同的通风透光条件、温湿度环境和光合效率，直接影响着群体和个体的生长发育及其生产能力。为了构成理想的群体结构，应选择具有不同性状的品种进行组合搭配。

1）选择具有不同熟性的品种。不同的品种，在间套过程中所处的地位不同，作用不一，对熟性的要求也不一样。

2）选择植物高度不同的品种。间套种除生物化学互助外，还存在生物机械保护作用。为了防止风害，发挥高温期遮阴降温的功能和低温时期的防寒保暖作用，都需植株较高的作物，对与其具有相反性状的作物起保护作用。

　　3）选择需光反应不同的品种。间作套种虽然能够更好地利用光能，提高光合效率，但是品种间仍然存在着对光照强度适应的差异。套种作物间有高有低，植株高的作物应当选择喜光的品种，相对较矮的作物应当选择耐阴的品种，这样才可利用群体层次差异各得其所。

　　4）选择株型和叶形不同的品种。为了减少套种作物间的遮阴效应，增强通风透光作用，套种的作物，尤其是植株较高的作物，应当选择株型紧凑、叶片挺立、叶肉较厚、叶形较尖的品种，或者选择披针形或线形叶品种组合搭配，彼此协调，才有利于对光能和二氧化碳的充分利用。

　　（3）选择生育高峰可以错开的品种　　间套品种在共生时期，如果生育高峰可以错开，田间群体形成错落有序的结构，就可创造良好的通风透光条件和产生较大的边际效应，确保套种的每种作物、每个品种都能生长发育良好，获得更高的群体生产效益。如果套种作物的生育高峰时期都在同一时期，相互之间对光照、热量、水分、营养和所占营养面积等均会产生强烈的竞争，使之相互抑制，彼此损伤。

　　3. 要有合理的套种配比结构　　间套作物行数的配比，不仅决定着套种作物的主次，还直接构成不同类型的复合群体结构。通常套种的主作物应当具有较多的行数或占有较宽的间套带幅。次要作物与其相反，则占有较少的行（株）数，或较窄的带幅。这样，由于配比多少的不同，就构成主从群体结构。

　　不同套种的配比结构，直接影响着套种栽培的效果。良好的套种配比结构，不仅可以充分利用时空和光、热、风、水、肥等资源，还能借助物种间共生互助作用获得高产。

　　4. 要科学选定套种的共生适期　　所谓套种的共生适期，就是何时套种才能充分发挥套种的优越性。不同的套种时期，由于生育阶段的不同，作物间保护作用的变化及田间管理的偏离，套种作物间的关系都可能发生复杂的变化，影响间套效应。根据资料报道和实践的体会，选定套种适期不仅应考虑错开作物之间的生育高峰，使套种作物之间的剧烈生存竞争变成和睦相助。还应该考虑在最大的保护时期套种，以获得更高的生产效益。

　　5. 要注意用地和养地相结合　　间作套种由于多种多收，一地多用，地力消耗加快，容易使土壤变得贫瘠，再加上套种作物的接茬很紧，很少进行深耕和增施农家基肥，使土壤对施用化肥反应钝化、土壤结构变劣，土壤环境日益恶化。如果只种地不养地，实行掠夺性套种，后果更坏。因此，在套种过程中，既要用地，更要重视养地，实行种养结合，使土壤越种越肥，结构越变越好。那么，怎样培养好土地肥力呢？

　　（1）用豆科作物套种　　这是众所周知的措施。豆科作物如菜豆、豇豆、花生等与苹果树套种，不仅可丰富土壤的氮素营养，菜豆根系分泌物还可提高土壤活力、刺激果树更好地生长。

（2）用净化土壤的作物套种　　引进具有净化土壤的作物参与套种，对清除污染、消灭病原起着重要作用。

（3）加强深耕，大量施用有机肥　　实践早已证明，进行土壤深耕，并施入大量有机肥，是深化耕层、熟化土壤、改良土壤结构、提高土壤肥力、增强土壤活性和促进农业发展的基本措施。所以，间套地块应2～3年深耕一次，并结合深耕大量施用有机肥料或秸秆还田。

6. 确定正确的行向　　据资料介绍，高、矮秆作物间套，一般来说，东西向比南北向好。因为东西向接受太阳光时间较长，透光率高，照射量大，光能利用率高。特别是南方地区，效果更加明显。例如，华北地区夏天，东西行作物太阳直射时间全天为9.5h，太阳辐射量每天每平方厘米为518.4cal[①]；而南北行，太阳直射全天只有6h，太阳辐射量每天每平方厘米只有491.4cal。因此，东西向套种的作物比南北向套种的作物生长发育良好，产量提高10%～25%。

7. 因地制宜，合理密植　　这里说的因地制宜包括因地方不同和地力差异两方面。不同地理位置的自然条件、气候状况和无霜期长短差异很大，对作物个体的生育和群体结构影响也很不相同。因此，种植密度也不一样。另外，套种作物的密度还应根据它在套种中的位置和边际效应大小而定。

8. 采取促进繁育措施，充分利用时空增产增收　　由于一块地中一年多种多收，往往有季节不够用或十分紧张的矛盾。套种茬次越多，矛盾越突出。为了解决这个矛盾，各地应用科研成果和工业的进步，采取了各种各样的办法，充分利用时空，促进生长发育，缩短田间共生时间，或采取共生促进的技术措施，保证多种多收，增产增收。

9. 精细操作，科学管理　　由于不同作物所需求的栽培管理技术不同，以及共生过程中可能出现作物种间竞争与相互抑制现象，尤其是矮生型处于下层生长的作物，常因光、温、气、肥等生长条件较差，一般生育较弱。为了解决这些问题，必须对间套作物分别对待，分别照料，精细管理。实施间套作物分带做畦种植，分带管理，确保各种作物生育过程中的各自需求。

整枝修剪也是间作套种栽培中的一项重要管理技术。为了改善群体通风透光状况，调节个体生长发育及营养合理分配，在一定的作物生育阶段需要对其植株进行整枝修剪。

10. 掌握病虫消长规律及时防治　　间作套种形成了与单作不同的复合群体环境，有些病虫害受到抑制，但另一些病虫害反而会更加流行，甚至增加了新的

---

① 1cal=4.1868J

病虫危害。因此，在采取间套种时，加强病虫消长规律的研究和观察，及时做好病虫害防治工作，是间套栽培高产、稳产的关键环节。

一是及时改进套种作物的组合，充分选择和利用具有生物学互助防治病虫而且经济效益高的作物参与组合套种。

二是改进和提高栽培技术水平，将有利于作物生长又可抑制病虫流行的新方法、新技术应用于间套栽培，以提高农业栽培的水平。尤其是通过肥水管理、栽培形式、整枝修剪、共生期调整等先进的技术进行防治。

三是积极利用生物防虫治病技术，逐渐发展以虫治虫、以菌治虫、以毒治毒、以菌治病、以病治病和选用抗病虫害的作物品种等新的生物技术，加速无公害防治技术的应用。

四是对采用上述三种措施仍然难以防治的病虫，应当做好病虫预测预报工作，及时选用高效低毒低残留农药进行防治。

四、酸化土壤改良

土壤酸化是土壤风化过程中的一个方面，也是当前果业生产上普遍存在的问题。导致土壤酸化的原因很多，从理论上讲主要是土壤的钙、镁、钾、钠等碱性盐基离子被淋溶，土壤氢离子增加，使土壤呈酸性。从生产上来讲主要是大水漫灌、过量施用化学肥料和大量使用除草剂导致土壤酸化加重。土壤酸化导致作物根系生长不良，土壤营养供应不平衡，严重影响树体的生长发育和果品产量、质量的提高，必须引起高度重视。苹果喜微酸性至微碱性土壤，适宜的土壤 pH 为6.0～7.5，低于 6.0 或高于 7.5 均影响果树的正常生长发育，土壤 pH 高于 7.8 时果树易发生缺素失绿症。

1. 改革灌溉方式　　注意排涝，地势低洼的果园要注意排涝，防止土壤积水，增加土壤通透性。改革土壤灌溉方式，严禁树盘灌水和大水漫灌，通过推行起垄沟灌栽培模式，减少钙、镁、钾、钠等碱性盐基离子的淋失，保持土壤有足够的碱性盐基离子，减缓酸化现象的发生。

2. 生石灰改良　　将生石灰自然风化成石灰粉，春季果树萌芽前均匀地撒施在树冠下，施后进行浅锄。施用量根据土壤酸化程度而定，一般每亩用量为 100～150kg。值得注意的是，生石灰不宜连年使用，否则易加重土壤板结。

3. 施用土壤改良剂或增施硅钙镁肥　　当前市场上有很多土壤调理剂，生产上可选择使用。也可在土壤中施用硅钙镁肥，对改良土壤、调理土壤酸碱度效果也较好，一般每亩用量为 150～200kg。

4. 土壤增施有机肥　　有机肥对土壤理化性状有较好的缓冲作用，可以调节土壤酸碱度，增施有机肥，提高土壤有机质含量可有效地改良土壤，长期使用可使土壤 pH 趋于中性，有利于果树根系的生长发育。

5. 秸秆还田　　作物秸秆不经过堆沤，直接翻埋于土壤中，能起到肥田增产的作用。

施用新鲜秸秆还田改良土壤性状要比施用其他有机肥见效快，因为秸秆中含有较多的粗纤维，在土壤中能形成大量的活性腐殖质，容易和土粒结合，促进团粒结构的形成，而秸秆腐熟后施用常因腐殖质干燥变性，降低改土效果。秸秆还田还能促进土壤微生物的活动，有利于土壤养分的积累和释放。作物秸秆作为一种含碳丰富的能源物质，直接施入土壤，会使各种微生物从秸秆中获取养料，从而大量繁殖起来，这对于土壤中的养分积累、释放将会起到十分重要的作用。新鲜秸秆在分解过程中产生的有机酸，也有利于土壤中难溶性养分的溶解和释放。

秸秆直接还田时，为解决苹果树与微生物争夺速效养分的矛盾，可通过增施氮、磷肥来解决。一般认为，微生物每分解 100g 秸秆约需 0.8g 氮，即每 1000kg 秸秆至少要加入 8kg 氮才能保证分解速度不受缺氮的影响。秸秆最好粉碎后再施，并注意施后及时浇水，以促其腐烂分解，供果树吸收利用。

第二节　科　学　施　肥

一、土壤中养分的特点

当前，果园土壤养分的特点是"两少"。

1. 土壤中的有机质含量少　　现在土壤中有机质含量一般小于 0.9%，有的甚至小于 0.5%。而国外在 3%左右，高者达 5%。我国土壤有机质含量因不同地区而异。东北平原的土壤有机质含量最高达 2.5%～5%，而华北平原土壤有机质含量低，仅在 0.5%～0.8%。

2. 土壤中的营养元素含量少　　土壤中包括大量元素、微量元素，但远远满足不了果树的需求。

（1）土壤中氮素含量　　土壤中氮素含量除了少量呈无机盐状态存在外，大部分呈有机态存在。土壤有机质含量越多，含氮量也越高，一般来说，土壤含氮量为有机质含量的 1/20～1/10。我国土壤耕层全氮含量，以东北黑土地区最高，在 0.15%～0.52%；华北平原和黄土高原地区最低，为 0.03%～0.13%。

（2）土壤中磷素含量　　我国各地区土壤耕层的全磷含量一般在 0.05%～0.35%，东北黑土地区土壤含磷量较高，可达 0.14%～0.35%，西北地区土壤全磷量也较高，为 0.17%～0.26%，其他地区都较低，尤其南方红壤土含量最低。

（3）土壤中钾素含量　　我国各地区土壤中速效钾含量为每百克土壤含 40～45mg，一般华北、东北地区土壤中钾素含量高于南方地区。

从上述可以看出，由于各地自然条件差异很大，土壤中只能累积和贮藏少量养分供应苹果生长发育的需要。要想获得优质、高产，就必须向土壤中投入一定数量的各种养分，因此，人工施肥是土壤养分的重要来源。

二、果树营养需求特点

1. **幼年果树的需肥特点**　　对氮、磷、钾肥料都需要，尤其对氮、磷肥需求较多，磷对根系生长有积极促进作用。

2. **成年结果期果树的需肥特点**

（1）需要养分的数量大，种类多　　每年采收果实、修剪树枝，带走了大量的养分，平衡供肥是保持树体营养的关键。

（2）需求元素有变化　　随着树龄的增长，不但对大量元素需求比例有变化，而且对中微量元素的需求更迫切，改土培肥尤为关键。

（3）全年对氮、钾需求数量多于磷　　各生育阶段对氮、磷、钾的需求数量和比例不同。萌芽、开花、新枝生长需要较多的氮素。幼果期到膨果期需要充足的氮、磷、钾，尤其是氮和钾。果实采收后至落叶是树体营养积累时期，营养积累的多少对来年萌芽开花影响较大。

（4）有明显的需肥高峰期　　5～7月是果树生长旺盛期，枝叶生长、花芽分化、开花结果、根系生长需消耗大量的营养物质。

三、苹果主要缺素症状

1. **缺氮**　　新梢短而细，皮层呈红色或棕色。叶小、呈淡绿色，成熟叶变黄。缺氮严重时嫩叶很小，为橙色、红色或紫色，早期落叶。叶柄与新梢夹角变小。花芽和花减少，果实小，着色良好，易早熟、早落。

2. **缺磷**　　叶片会变得小而稀疏，变薄，呈暗绿色；叶柄及叶下表面的叶脉呈紫色或紫红色。枝条变得短小而细弱，分枝显著减少，果实小。老叶易脱落，抗寒性变差。

3. **缺钾**　　果实小，着色不良。缺钾严重时，整个叶片会焦枯，一般先从新梢中部或中下部开始，然后向顶端及基部两个方向扩展。

4. **缺钙**　　主要表现在新梢停止生长早，根系短而膨大，根尖回枯。嫩叶先发生褪色及坏死斑点，叶片边缘及叶尖有时向下卷曲。较老叶片组织可能出现部分枯死。果实发生苦痘病、水心病、痘斑病等病害。

5. **缺镁**　　当年生较老叶片的叶脉间呈现淡绿斑或灰绿斑，常扩散到叶缘，并迅速变为淡褐至深褐色，1～2d 即卷缩脱落。枝条细弱易弯，冬季可能发生梢枯。果实不能正常成熟，果小，着色差，缺乏风味。

6. **缺硼**　　早春或夏季顶部小枝回枯，引致侧芽发育，产生丛生枝。节间变短。叶片缩短、变厚、易碎。叶缘平滑而无锯齿。果实易裂果，出现坏死斑块，甚至出现全果木栓化。成熟果实呈褐色，有明显的苦味。

7. **缺锰**　　叶片叶脉间褪绿，开始在靠近边缘的地方褪绿，慢慢发展到中脉褪绿。褪绿部分的细脉看不见。褪绿常遍及全树，但顶梢新叶仍保持绿色。

8. **缺锌**　　春季叶片呈轮生状小叶，硬化，呈现小叶病症状。枝条顶部叶片呈花叶，有时除枝条顶部有莲座状叶之外，其余部分呈光秃状。花芽形成减少，果实小，畸形。缺素一年后，小枝可能枯死。

9. **缺铁**　　新梢顶部叶片变黄白色，主脉和细脉附近保持绿色，老叶片叶脉间呈现淡绿斑或灰绿斑，常扩散到叶缘，并很快变为淡褐至深褐色，1～2d 后即卷缩脱落。枝条细弱易弯，冬季可能发生梢枯。果实不能正常成熟，果小、着色差，缺乏风味。

四、树势强弱的田间判断——树相诊断

所谓树相就是指树的长相，也就是树的健康状况，正确判断树体的生长状况，是指导合理施肥的重要依据。中医是中国的国宝，中医给患者看病讲的是望、闻、问、切。苹果虽然无法通过问来判断其健康状况，但可以通过对树体各部分的生长发育状况进行观察，来加以判断。根据不同的树体表现，采取相应的管理措施，从而达到早果、优质、丰产的栽培目的。

（一）休眠期树体的观察

1. **树皮颜色**　　树皮呈现出红色，是树势开始衰弱的表现，如果树皮呈土黑色，则说明树势较强，衰弱树的树皮多呈灰白色。

2. **枝条的生育状况**　　发育不良的枝条基部较粗，从基部到先端急剧变细，易抽生较多的发育枝，很难形成适宜的结果枝。理想枝条的长势为由基部向外粗度逐渐变细，枝条长度应为基部粗度的15～20倍。

3. **树体抽生枝条状况**　　如抽生过多的徒长枝和枝条先端抽生过多的发育枝，则说明树势过强；如几乎没有徒长枝，结果枝先端仅抽生一个短而细的小枝，则表明树势较弱；稳定的树势则为结果枝先端能抽生1～2个粗壮的中庸枝。

4. **枝质**　　即指枝条的质量，也就是枝条的充实度。用手轻压枝条顶端，枝条呈弓形，且有一定的弹力，则说明枝条充实度较好，如果呈"U"形，则表明枝条细弱，不充实。

（二）生长季节的观察

生长季节主要是看新梢的生长发育状况，'富士'苹果适宜的指标为：外围新梢生长量为 25～30cm，6 月底新梢停止生长率为 80%左右，有秋梢的枝不超过总枝量的 10%。

一般从开花开始新梢就已进入加长生长期，树势弱、花量大的树，新梢开始加长，生长期较晚；如果 6 月底新梢停止生长率仅有 50%～60%，则表明树体生长过旺，应加以控制，反之，100%停止生长，则树势衰弱；有秋梢枝条达到 20%～30%时，说明树势较强，无秋梢则树势较弱。果台副梢多数长度为 15～30cm，且长到 10～15 片功能叶时就停止生长，这样的树结果早，易丰产稳产。

五、目前苹果园施肥存在的问题

目前苹果园施肥主要存在以下几方面的问题。
1）有机肥料投入不足，土壤缓冲能力下降。
2）化学肥料应用不当，土壤酸化趋势加重。
3）中微量肥缺乏重视，果实生理病害加重。
4）施肥时期方法不当，肥料利用效率低下。
5）新型肥料了解不够，施用效果不能显现。

六、肥的种类

"地靠粪养，苗靠肥长""有苗无苗在于管，苗好苗坏在于肥"生动地说明了施肥的重要意义。

肥料分为有机肥料、无机肥料和生物肥料三大类。

（一）有机肥料

有机肥料是由植物的残体或人畜的粪尿等有机物经微生物分解腐熟而成。常用的有厩肥、堆肥、绿肥、饼肥、腐殖酸肥等。含有苗木所需的各种营养元素和有机质及微生物，也叫完全肥料，多用作基肥。

1. 粪肥　　粪肥是人粪尿、畜禽粪的总称。富含有机质和各种营养元素，其中人粪尿含氮较高，肥效较快，可作追肥、基肥使用，但以基肥最好。人粪尿不能与草木灰等碱性肥料混合，以免造成氮素损失。畜粪分解慢，肥效迟缓，宜作基肥。禽粪主要以鸡粪为主，氮、磷、钾及有机质含量均较高，宜作基肥和追肥。由于新鲜鸡粪中的氮主要以尿酸盐类存在，不能被植物直接吸收利用，因此，用鸡粪作追肥时，应先堆积腐熟后使用。

鸡粪在堆积腐熟过程中，易发高温，造成氮素损失，应做好盖土保肥工作。

利用人畜粪尿进行沼气发酵后再作肥料使用，既可提高肥效，又可杀菌消毒。

2. 土杂肥　　土杂肥是指炕土、老墙土、河泥、垃圾等，这些肥料含有一定数量的有机质和各种养分，有一定的利用价值，均可广泛收集利用。

3. 堆肥　　堆肥是以秸秆、杂草、落叶等为主要原料进行堆制，利用微生物的活动使之腐解而成。堆肥营养成分全，富含有机质，为迟效肥料，有促进土壤微生物的活动和培肥改土的作用，宜作基肥。

4. 绿肥　　绿肥是苜蓿等绿肥植物刈割后翻耕或沤制而成，其富含有机质及各种矿质元素，长期栽种绿肥既有利于提高土壤有机质含量，还可改良土壤。绿肥沤制时应先将鲜草铡成小段，混入1%过磷酸钙（即100kg绿肥加1kg过磷酸钙），将绿肥和土相间放入坑内，踏实，灌入适量的水，最上层用土封严，待腐烂后开环沟或放射沟施于树下。也可趁雨季湿度大时压青，因为绿肥作物的分解一般要求在厌氧状态和一定湿度条件下进行，所以必须在土壤湿度条件较好时压青。压青的方法是将采割后的绿肥按施用有机肥的方法（在树盘外沿挖沟）压在树下土中，一般初果期果树压铡碎的鲜茎叶25～50kg，压青时也要混入1%过磷酸钙。压青时务必一层绿肥与一层土相隔（切忌绿肥堆积过厚，以免绿肥发生腐烂时发热烧伤根系）并加以镇压，湿度不够应及时灌水。

（二）无机肥料

无机肥料也叫矿物质肥料，分氮、磷、钾三大类和多种微量元素。氮肥常用的有硫酸铵、碳酸氢铵、硝酸铵和尿素等。磷肥常用的有过磷酸钙、钙镁磷肥和磷矿粉等。钾肥常用的有氯化钾、硝酸钾和草木灰等。微量元素有铁、硼、锰、铜、锌和钼等。一般用它们的水溶性化合物如硫酸亚铁、硼酸、硫酸锰、硫酸铜、硫酸锌、钼酸铵等进行根外追肥。

与有机肥料相比，其特点是成分单一，养分含量高，肥效快，一般不含有机质并具有一定的酸碱反应，贮运和使用比较方便。化学肥料种类很多，一般可根据其所含养分、作用、肥效快慢、对土壤溶液反应的影响等来进行分类。

按其所含养分可划分为氮肥、磷肥、钾肥和微量元素肥料。其中，只含有一种有效养分的肥料称为单质化肥，同时含有氮磷钾三要素中两种或两种以上元素的肥料称为复合肥料。

1. 氮肥　　品种比较多，按其特性大致可分为铵态氮肥、硝态氮肥、硝-铵态氮肥、酰铵态氮肥四大类。常用的氮肥有以下 5 种。

（1）碳酸氢铵（NH_4HCO_3）　　含氮为 17%。碳酸氢铵的生产工艺简单，成本低，是我国小型化肥厂的主要产品，易溶于水，为速效型氮肥，除含氮外，施入土壤后分解释放的二氧化碳气有助于碳素同化作用，是一种较好的肥料。但是碳酸氢铵不稳定，在高温和潮湿空气中极易分解、挥发散失氮素，应在干燥阴凉处贮存，用时有计划开袋，随用随开。

碳酸氢铵适于各种土壤，可作追肥或基肥。旱地施用必须深施盖土，随施随盖，及时浇水，这是充分发挥碳酸氢铵肥效的重要环节，在石灰性、碱性土上尤其应该注意。碳酸氢铵不能与碱性肥料混合施用，干施时不能与潮湿叶面接触，以免叶片烧伤受害，也不能在烈日当头的高温下施用。

（2）尿素[$CO(NH_2)_2$]　　含氮量为 44%～46%，是固体氮肥中浓度最高的一种。贮运时宜置于凉爽干燥处，防雨防潮。尿素为中性肥料，长期施用对土壤没有破坏作用。尿素的氮在转化为碳酸铵前，不易被土壤胶粒等吸附，容易随水流失，转化后，氮素易挥发散失。转化时间因温、湿度而异，一般施入土内 2～3d 最多半个月即可大部分转化，肥效较其他氮肥略迟，但肥效较长。尿素转化后产生的碳酸有助于碳素同化作用，也可促进难溶性磷酸盐的溶解，供树体吸收、利用。

尿素适于各种土壤，一般作追肥施用，注意施匀，深施盖土，施后可不急于灌水，尤其不宜大水漫灌，以免淋失。尤宜作根外追肥用，但缩二脲超过 2%的尿素易产生毒害，只宜在土壤中施用。

（3）硝酸铵（NH_4NO_3）　　含氮量为 34%～35%，铵态氮和硝态氮约占一半，养分含量高，吸湿性强，有助燃性和爆炸性，贮存时宜置凉处，注意防雨防潮，不要与易燃物放在一起，结块后不要用铁锤猛敲。为生理中性肥料。肥效快，在土壤水分较少的情况下，作追肥比其他铵态氮肥见效快，但在雨水多的情况下，硝态氮易随水流失。

硝酸铵适于各种土壤，宜作追肥用，注意"少量多次"施后盖土。如果必须用作基肥时，应与有机肥料混合施用，避免氮素淋失，以增进肥效。

（4）硫酸铵[$(NH_4)_2SO_4$]　　易溶于水，肥效快。为生理酸性肥料，施入土后，铵态氮易被作物吸收或吸附在土壤胶粒上，硫酸根则多半留在土壤溶液中，因此酸性土壤长期施用会提高土壤酸性，中性土壤中则会形成硫酸钙堵塞孔隙，引起土壤板结，因此，在保护地果树栽培中忌用此肥以防土壤盐渍化。宜作追肥，注意深施盖土，及时灌水。不能与酸性肥料混用，在石灰土壤中配合有机肥料施用，可减少板结现象。

（5）氨水（NH_4OH）　　含氮 16%～17%。挥发性强，有刺激性气味，挥发出的氨气能烧伤植物茎、叶。呈碱性反应，对铜等腐蚀性强。贮运时要注意防渗漏、防腐蚀、防挥发。可作追肥或基肥。施用时，应尽快施入土内，避免直接与果树茎、叶接触。可兑水 30～40 倍，开沟 10～15cm 深施，施用后立即覆土，也可用 50 份细干土、圈粪或风化煤等与 1 份氨水混合，然后撒施浅翻。

2. 磷肥　　根据所含磷化物的溶解度可分为水溶性、弱酸溶性和难溶性等三类：水溶性磷肥有过磷酸钙等，能溶于水，肥效较快；弱酸溶性磷肥有钙镁磷肥等，施入土壤后，能被土壤中作物根系分泌的酸逐渐溶解而释放被果树吸收利用，肥效较迟；难溶性磷肥有磷矿粉、骨粉等，一般认为只有在较强的酸中才能溶解，施入土中，肥效慢，后效较长。

（1）过磷酸钙　　含磷 12%～18%，有吸湿性和腐蚀性，受潮后结块，呈酸性。不宜与碱性肥料混用，以免降低肥效。为水溶性速效磷肥，可作追肥用，但最好用作基肥。加水浸取出的澄清液可作磷素根外追肥用。

（2）磷矿粉　　由磷矿石直接磨制而成。为难溶性磷肥，有效磷含量不高，因此施用量要比其他磷肥大 3～5 倍，但后效较长，往往第二年的肥效大于第一年的肥效。为了提高磷矿粉的肥效，最好与有机肥料混合堆沤后再施，或与酸性、生理酸性肥料混合施用。宜作积肥，集中深施。

3. 钾肥

（1）硫酸钾（K_2SO_4）　　含氧化钾（K_2O）48%～52%，易溶于水。为生理酸性肥料，同硫酸铵一样，长期施用时，其残留的硫酸根会使酸性土酸性增加，石灰性土可能引起板结，不宜长期在保护地果树上运用。可作基肥或追肥，但钾在土壤中的移动性小，一般多用作基肥或早期追肥，开沟、开穴深施至根系大量分布层，以提高肥效。

（2）氯化钾（KCl）　　含氧化钾 50%～60%，易溶于水，易吸潮结块，宜置高燥处贮存。施用方法与硫酸钾近似，但由于含有氯，不宜在盐渍土施用，也不宜在忌氯作物（马铃薯、烟草、葡萄等）上施用，在苹果树上长期施用，会提高土壤酸性。

（3）草木灰　　草木灰是柴草燃烧后的残渣，成分比较复杂。以钙、钾为主，一般草木灰中含氧化钾 6%～25%，含磷（P_2O_5）3%～5%，含石灰（CaO）30%。习惯上把草木灰当钾肥看待，实际上其是一种以磷酸钾为主的无机肥料。草木灰中的钾多以酸钾形式为主，可占全钾量的 90%。还有少量硫酸钾和氯化钾，磷为弱酸溶性，钙以氧化钙形式存在。都易被作物吸收利用。所以草木灰是一种速效肥料。草木灰里的养分易溶于水、密度小。草木灰易随风飞扬散失，在保管过程中要单存，避免雨淋、水泡、风吹，不要与粪尿混合。

草木灰施入土壤后，钾可直接被作物吸收或被土壤胶体吸附，施入后不会流失。开始施入时会引起土壤变碱性，但当其中的钾被作物吸收或土壤吸附后，碱性又会逐渐降低。

草木灰在一般土壤都可施用，只有盐碱土不宜施用。可作基肥、追肥，也可用浸出液进行根外追肥，施肥方法与硫酸钾相同，但不宜与铵态氮肥、尿素、人粪尿、过磷酸钙等混合施用。

4. 复（混）合肥料　　复（混）合肥料是指含有氮磷钾三要素中的两个或两个以上的化学肥料。它的主要优点是能同时供应作物多种速效养分，发挥养分之间的相互促进作用；物理性质好，副成分少，易贮存，对土壤不良影响也小。

常用的复合肥料和混合肥料有硝酸磷肥、磷酸铵、磷酸二氢钾、硝酸钾、铵磷钾肥、硝磷钾肥等。

（三）生物肥料

生物肥料也叫微生物肥料，它包括固氮菌、根瘤菌、磷细菌、钾细菌等各种细菌肥料和菌根真菌肥料。

施肥应坚持以有机肥为主、化肥为辅和施足基肥、适当追肥的原则，做到苗木缺什么肥施什么肥，因苗制宜，因时制宜。

七、苹果推荐施肥方案

（一）基肥

基肥是一年中供应时间较长的肥料，果树萌芽、开花、坐果及前期果实细胞分裂所需的养分主要来自于树体的贮藏营养。而树体的贮藏营养主要来自于上一年秋季果实采收后叶片制造的有机营养回流到树体和根系吸收的无机营养贮藏到树体。为此，果园施肥必须重视基肥的施用。

1. 基肥的施用时间　　基肥的施用时间根据品种而定，早中熟品种应在 9 月底至 10 月初进行，晚熟'富士'品种考虑到现行的栽培模式和果农的生产管理习惯，可以掌握在果实采收后至封冻前进行，越早越好。

2. 基肥的种类　　基肥应以有机肥为主，适当配合氮、磷、钾速效性肥料和中微量元素肥料。

3. 施肥方法　　可采用放射状沟施肥法、环状沟施肥法或条状沟施肥法，深度为 15～40cm。施肥后应将肥料与土混合均匀，土和肥料的比例为 3∶1。

4. 推荐方案

（1）配方　　商品有机肥+复合肥或有机无机复合肥+中微量元素肥料。

（2）配比　　商品有机肥+复合肥+中微量元素肥料比例为（3～4）∶1∶（0.5～1）。

商品有机肥+有机无机复合肥+中微量元素肥料比例为（2～3）∶1∶（0.5～1）。

一般有机肥有机质含量在 50%以上，复合肥氮磷钾总含量在 40%左右，有机无机复混肥氮磷钾含量在 30%左右，中微量元素肥料为有机螯合态中微量元素肥。

（3）施肥量　根据前一年产量而定，每生产 100kg 果实施用 8～10kg。

（二）追肥

1. 追肥时期

（1）果树萌芽前（3 月中下旬）　如果上年秋季果实采收后基肥施用量较为充足，此期可仅追施氮肥，一般每株追施尿素 0.5～1kg。如果没有施基肥，此期按照秋季施基肥的配方和用量施用。

（2）春梢停止生长后（6 月下旬即套袋后）　此期为营养转换期，新梢基本停止生长，花芽开始分化，而且开花坐果也消耗了大量营养，需要补充营养，但要根据树势和果实生长情况灵活掌握。如果树势强健，且果实发育良好，说明前期肥料充足，此期可不追施。如果树势较弱，果实发育不甚理想，此期应补充肥料。

（3）后期果实膨大期（8 月下旬）　关键性肥料，对果实膨大效果明显。

2. 施肥种类　后两期可选用有机生物肥、复合肥、有机无机复混肥、水溶性复合肥等。施肥量不宜太大，以氮磷钾总含量 40%左右的复合肥为例，每次每株追施 2～3kg 即可。

3. 施肥方法　穴施、放射状沟施或撒施均可。

（三）幼树施肥方案（1～4 年生）

幼树定植后的 1～4 年应以长树为主，促进树体生长，尽快建立良好的树体结构。为此，施肥上应以氮、磷为主。幼树基肥要早施，一般掌握在 9 月下旬至 10 月上旬进行。

1. 基肥推荐配方　有机肥+复合肥+有机中微量元素肥料的比例为 2：1：0.5。施肥量根据树龄而定，定植的当年株施用 1kg，定植第二年株施用 2kg，定植第三年株施用 3kg，定植第四年株施用 5kg 左右。

2. 追肥　定植当年，当新梢长至 10cm 左右时开始追肥，每株施用 25g 尿素，以后每隔 30d 每株施尿素 50g，全年追施 3～4 次。定植第二年，果树萌芽前每株施尿素 50g，以后每隔 30d 左右株施尿素 100g，全年施用 3～4 次。定植后的第 3～4 年可掌握在果树萌芽前、春梢停止生长后和秋梢生长前进行，每株施用氮磷钾复合肥或有机无机复混肥 150～500g。每次追肥要结合浇水同时进行。

（四）根外追肥

采取根外追肥的措施，对消除果树各物期中某种养分的缺乏症、解决根系吸收养分不足而造成的损失等问题，均有重要作用。

1. 根外追肥的时期和适宜浓度　应在苹果树的生长季进行，根据树体的生长、结果状况和土壤施肥情况，适当进行根外追肥，可参考表 4-1 进行。

表 4-1　苹果的根外追肥

时期	种类、浓度	作用	备注
萌芽前	2%～3%尿素	促进萌芽，提高坐果率	上年秋季早期落叶树更加重要
萌芽后	1%～2%硫酸锌	矫正小叶病	主要用于易缺锌的果园
	0.3%尿素	促进叶片转色，提高坐果率	可连续喷2～3次
	0.3%～0.5%硫酸锌	矫正小叶病	出现小叶病时应用
花期	0.3%～0.4%硼砂	提高坐果率	可连续喷2次
新梢旺长期	0.1%～0.2%柠檬酸铁	矫正缺铁黄叶病	可连续喷2～3次
5～6月	0.3%～0.4%硼砂	防治缩果病	
5～7月	0.2%～0.5%硝酸钙	防治苦痘病，改善品质	在果实套袋前连续喷3次左右
果实发育后期	0.4%～0.5%磷酸二氢钾	增加果实含糖量，促进着色	可连续喷3～4次
采收后至落叶前	0.5%～2%尿素	延缓叶片衰老，提高贮藏营养	可连续喷3～4次，浓度前低后高，下同
	0.3%～0.5%硫酸锌	矫正小叶病	主要用于易缺锌的果园
	0.5%～2%硼砂	矫正缺硼症	主要用于易缺硼的果园

2. 适用情况　下列特殊情况下，需采用根外追肥措施及时进行补救。

1）秋施基肥严重不足，翌年春萌芽春梢速长时，出现严重脱肥。

2）缺少硼、锌、铁等微量元素时，果树缺素症严重。

3）果树遭受大自然灾害，根系严重伤害或生长后期根系老化，吸收功能衰退。

4）树体地上部遇天灾（旱、涝、冷、病害等）后，为促进树体快速恢复正常生长。

5）树行间套作其他果树，无法开沟施肥。

八、苹果科学施肥方法举例

优质、丰产期苹果树（亩产 6000 斤[①]以上）通用。

[①] 1 斤=0.5kg

[例 4-1]秋季采果后至落叶前，每亩施腐熟的有机肥 750kg（40kg 微生物菌肥）+三元素复合肥 40kg。全园撒施后翻一次树盘，然后浇一次冻水，第二年春季萌芽前追施 25kg 尿素+20kg 中微量元素复合肥，浇一次催芽水。夏季，果实膨大和着色期追施 25kg 硫酸钾型高效膨果肥，促进果实膨大和着色。同时也能防治黄叶、烂根。

[例 4-2]秋季采果后至落叶前，每亩施三元素复合肥（大品牌）60kg。全园撒施后翻一次树盘，然后浇一次冻水，第 2 年春季萌芽前追施 40kg 尿素+20kg 中微量元素复合肥，浇一次催芽水。夏季，果实膨大着色期每亩追施 20kg 高效膨果肥，促进果实膨大和着色，果面光洁，黄叶消失。

第三节　水 分 管 理

一、灌水对果树的影响

水是果树的重要组成部分，根、茎、叶中都含水 50%，果实、叶中含水 85%～90%，因此树体缺水时会影响生长。

水是果树生命活动的重要原料。例如，光合作用、物质运输、代谢活动等都有水的参与。

水能调节树温，防止枝叶、果实发生"日烧"。

水是调节果树生育环境的重要因素，如土壤中微生物活动、避免冻害等。

二、当前果园水分管理存在的弊端

大水漫灌、树盘浇水是当前生产上采用的主要灌水方式。其主要有以下弊端。

1. 水资源浪费严重　　大水漫灌需水量大，而且大量的水会形成重力水，因植物无法吸收而流失，造成水资源的浪费。

2. 容易造成表层吸收根死亡　　大水漫灌后，导致土壤孔隙被重力水所占满，土壤的通气性变差，温度降低，造成表层吸收根大量死亡，而这些根系的死亡会造成果树营养暂时亏缺，直到新的吸收根生长出来。生产上一些果园经过大水漫灌后会出现叶片发黄甚至落叶现象。

3. 土壤板结现象加重　　大水漫灌对土壤的侵蚀、压实作用很强，破坏土体结构和团粒结构的形成，造成土壤板结。

4. 降低地温　　春季漫灌后土壤温度上升慢，新根发生时间推迟，根系生长受到限制。

5. 养分流失严重　　大水漫灌导致重力水数量增加，土壤养分随重力水进入地下而流失，同时导致了对地下水的污染。

三、需水规律及灌水时期的确定

（一）苹果的需水规律

1）发芽至开花期，叶幕小，耗水量少，苹果需水较少。

2）新梢旺长期，叶片数量和叶面积急剧增加，需大量水分，为需水临界期。

3）花芽形成期，需水量少，过多不利于成花。

4）果实迅速膨大期，是第二个大量需水的时期，气温高，叶幕厚，果实迅速膨大，需水量大。

5）果实采收前，水分的需求量减少，不宜供应过多。

6）休眠期，果树的生命活动降至最低点，根系吸水功能减弱，水分需求少。

（二）苹果园灌水时期的确定

苹果园灌水应根据果树在不同物候期的需水规律、气候特点和土壤的含水量综合确定，通常包括以下几个时期。

1. 萌芽期　　此时灌水有利于养分运转和肥料吸收利用，促进萌芽和新梢生长，使开花整齐，减少落花落果，减轻倒春寒和晚霜冻害。时间大约在3月下旬。

2. 花期前后　　此时果树生理机能旺盛，新梢生长和幼果发育同时进行，对水分敏感。如水分不足，会使花期提前，且开花集中，花后会造成幼果大量脱落。时间在4月下旬或5月上旬。

3. 果实迅速膨大期　　此时枝叶量大，新梢生长迅速，果实快速膨大，是需水量最大的时期，应及时灌水，增大果型，提高产量。但应注意不要灌水过多，否则会影响果实品质。时间在6～7月。

4. 采后补水　　为弥补大量结果而对树体所造成的饥饿状态，急需补充水分和养分，恢复叶片功能，应结合施有机肥灌足水分，以利于肥料的转化和根系的吸收。此次灌水在采果后进行，多在9月下旬或10月上旬。

5. 封冻水　　冬季雨雪较少，不利于苹果的越冬。灌封冻水可提高土壤的温度和湿度，增强树体的越冬能力，还能促进来年的果树发育。

四、灌水量的一般原则

灌水量的一般原则是适宜的灌水量，应要求在一次灌溉中，使水分能达到主要根系分布层，并达到田间最大持水量的 60%～80%。忌浇地皮水，水过地皮湿，尤其是春季灌水，更应注意一次灌透，以免多次浇水，影响土壤温度的上升。夏季灌水，灌水量宜少，而灌水次数宜多，以适当降低土壤温度。冬前的封冻水，灌水量应大，使水分浸润土壤深度 1m 左右，保证果树安全过冬。

五、节水灌溉技术与策略

（一）滴灌技术

滴灌技术是一种重要的节水节肥技术，作为一种先进的灌溉技术，滴灌比较容易实现自动控制，能有效节约农田灌溉用水。它是将具有一定压力的水经过过滤后，以水滴的形式通过管网、出水管道或滴头均匀缓慢地滴入农作物根部的土壤滴灌技术。这样还能实现水肥一体化的模式，具体来说，就是通过配置合适的施肥罐，形成完善的灌溉施肥系统，再把肥料融入灌溉水中，最后施入农田。这种方式转变了大水漫灌式的灌溉方式，形成浸润式渗灌，使单一的灌溉变成了浇营养液。同时，改变了传统的农业灌溉方式，大大改善了水肥利用率。由于我国南北气候差异大，在使用滴灌技术时一定要遵循因地制宜的原则，切勿盲目跟风。

（二）渗灌技术

渗灌是借助于地下的管道系统使灌溉水在土壤毛细管作用下，自下而上湿润作物根区的灌溉方法，也称作地下灌溉。渗灌具有灌水质量好、减少地表蒸发、节省灌溉水量及节省占地等优点，还能在雨季起一定的排水作用，因此这种方法逐渐受到重视，并得到较快的推广应用。

（三）微灌技术

通过低压管道系统，将养分和水分以较小的流量均匀而准确地直接输送到果树根部附近的土壤表面或土层中的一种灌溉技术，具有节水、方便使用、及时补充水分等优点，但前期建设成本较高，投入较大。

（四）小畦灌溉技术

可以一株果树一畦，或 2～4 株果树一畦，畦越小，越节水。小畦灌溉须修筑主渠、支渠和毛渠，影响果园机械作业，适于家庭承包的小果园。也可用软塑料管代替支渠、毛渠，原渠道占地可稍垫高，以便行走机械，克服了畦埂与渠埂多而影响机械作业的缺点，且省水，值得提倡，但软管要接在有一定压力的水龙头上，有的果园与管道喷药同用一个供水系统，也十分方便。

（五）喷灌技术

　　喷灌即喷洒水灌溉，是利用水泵和管道系统，在一定压力下把水经喷头喷洒到空中，散为细小水滴，像下雨一样地灌溉。喷灌的优点也是节水，不需要整地，果实产量高、品质优，灌溉效率高；喷灌还有利于改善果园小气候。喷灌也是一次需要投入较高，而且在多风地区灌溉效率会受一定影响。

　　喷灌按竖管上喷头高度分三种形式：一是喷头高于树冠，每个喷头控制的灌溉面积较大，多用高压喷头；二是喷头在树冠中部，每个喷头只控制相邻 4 株树的一部分灌溉面积，用中压喷头；三是喷头在树冠下，1 株树要多个小喷头，每个喷头控制的灌溉面积很小，这种低喷灌又称微喷，只用低压喷头。微喷一般不受风力影响，比中、高喷灌更省水。

（六）微喷技术

　　微喷具有喷灌与滴灌技术的长处，克服了两者的弊病，比喷灌更省水，比滴灌抗堵塞，供水较快。我省临沂市林业局应用微喷灌的技术重点是，利用两个山泉，铺设总管 1 条，干管 2 条，支管 14 条，支管下接毛管，沿等高线布置，间距同果树行距一致，每株树下固定一个 WP-Z-1.2 双向折射微喷头，用直径 4cm 的塑料管与毛管连接，喷头喷水量为 62L/h，喷洒直径为 2.9m，该工程控制灌溉面积 6.67hm^2，比普通灌区增产 43.4%，同漫灌比，全年可节水 70%。

第五章　培养合理树形：苹果树整形修剪技术

整形修剪是在不违背树体自然生长的原则下，通过人为的措施，培养和维持一定的树形，保持树势平衡，合理配置各级骨干枝及枝组，充分利用空间，调整生长和结果的关系，达到早结果、早丰产和连年优质丰产的目的。

第一节　整形修剪概述

一、整形修剪的意义

整形是通过修剪将树整成一定的形状，使骨干枝和枝组布局合理，有效地使用空间，构成符合生理条件的树体结构，主要是解决骨干枝与结果枝组结构问题。修剪是在整形的基础上，调节生长和结果的相对平衡，维持树体的健壮生长，促进结果。整形和修剪互为依存，相辅相成，整形依靠修剪达到目的，而修剪也只能在整形的基础上才能充分发挥作用。

合理的整形修剪，能使枝条分布均匀合理，主从关系明显，骨架牢固，充分利用光能，合理制造、分配、累积养分，调节生长和结果的平衡，达到年年结果、优质高产的目的。苹果树如果不进行修剪，任其自然生长，常导致树形紊乱、树冠郁闭、树势不稳、病虫滋生、大小年现象严重、品质下降等。

整形修剪是果树栽培中一项重要的技术，它只有在良好的环境和肥水条件下，才能发挥良好的作用。若脱离肥水管理，片面强调修剪的作用，不会达到预期的目的。

二、整形修剪的原则

（一）小树助长，大树防老

苹果树自栽植后，年年要进行修剪。幼树阶段，树龄小，枝量少，按照整形的要求，要促分枝，促长树，早成形，早花早果。除留作骨干枝的枝条之外，对其他枝条作辅养枝处理，其作用一是辅养树体生长；二是利用其占补空间，早结果。

　　大树防老，是指树龄已大，到盛果期的树，枝量大，产量高，修剪着重考虑的不是整形，而是如何维持树势中庸，稳定结果部位，及时更新复壮枝组，保持稳产和延长结果年限，防止衰老。

（二）以轻剪为主，轻重结合

　　尤其对于幼树和初果期树，适当轻剪长放，多留枝条，有利于扩大树冠，缓放成花，提早进入丰产期。对于各级骨干枝的延长枝，按照整形修剪的原则进行中短截，保持生长强旺势头，培养各级骨干枝和各级枝组。对于辅养枝应多留长放，开张枝角，形成大量花果，并保持树体通风透光，枝条稀密适中，分布合理。对于衰老大树和弱树，应适当重剪，恢复树势，延长结果年限。生产中修剪时要轻重结合，注意调节树体营养枝和结果枝的平衡，达到树体健壮生长、果实优质丰产稳产的目的。

（三）因树修剪，随枝做形

　　因树修剪，随枝整形就是根据树体不同的生长表现，顺其形状和特点，通过人工修剪随树就势，诱导成形。生产中不能生搬硬套，按照书本机械造型。同一果园各个树体的大小、高低、长势各不相同，同类枝条之间的生长量、着生角度、芽饱满程度也各有异，这就要求采取不同的修剪方法，因树造型，就枝修剪，恰到"火候"，以收到事半功倍的效果。

（四）统筹兼顾，合理安排

　　无论是栽植的幼树，还是放任生长的大树，均要事先预定长远的修剪管理计划，这关系到果树今后的生长结果和经济寿命。对于新栽植的幼树，修剪时既要考虑前期生长快，结果早，尽快进入丰产期，做到生长和结果两不误，又要考虑今后的发展方向和延长经济寿命。如只顾眼前利益，片面强调早结果、早丰产，会造成树体结构不合理，后期生长偏弱，果实质量下降，经济寿命缩短，得不偿失。同样，片面强调树形，忽视早结果、早丰产，会推迟产出，影响经济效益。对盛果期树应做到生长、结果相兼顾，避免片面追求高产，造成树体营养生长不良，形成大小年结果，缩短盛果期年限。对放任生长的苹果树做到整形、修剪、结果三者兼顾，不可片面强调整形而推迟结果，也不可因强调结果而忽略整形修剪。

（五）改冬季修剪为四季调整

传统的苹果整形修剪只在冬季进行，往往是冬季剪后，全年不再进行修剪，许多枝条生长一年后，冬季修剪时又得去除，浪费树体营养。而现代果树整形修剪要求一年四季进行，春季有目的地促芽，夏秋调整新梢生长、开张枝条角度，冬季再对树体进行轻微调整，这样既有利于按计划整形，又可促进幼树早成花。对结果树，可在夏季、秋季疏除一部分过密枝梢，调整树冠光照，以利于花芽形成、果实发育和着色。

三、整形修剪的目的

（一）合理安排骨架，迅速扩大树冠

合理的整形修剪，可减少后期修剪量，合理安排骨干枝，可迅速扩大树冠，增加枝叶量，提高枝质、芽质、叶质，及早进入盛果期。

（二）调节生长与结果的关系

生长和结果是果树生命周期中的一对矛盾，平衡是暂时的，不平衡是长期的，生长可以向结果方面转化，结果可以向生长方面转化，所以每年的修剪都是在保持生长与结果的相对平衡。

（三）改善通风透光条件

通过合理的整形修剪，可使树体有一个良好的结构，充分利用空间，做到枝枝见光，叶叶见光，增加有效光合面积，提高光合产量，保证多结果，结好果。

（四）改善树体营养和水分状况，更新结果枝组，延缓树体衰老

整形修剪对果树的一切影响，其根本原因都与改变树体内营养物质的产生、运输、分配和利用有直接关系。例如，重剪能提高枝条中水分含量，促进营养生长；扭梢、环剥可以提高手术部位以上的碳水化合物含量，从而使碳氮比增加，有利于花芽形成。通过对结果枝的更新，做到"树老枝不老"。

四、修剪对苹果树的作用

（一）修剪对幼树的作用

修剪对幼树的作用可以概括成 8 个字，即局部促进、整体抑制。

1. 局部促进作用　　修剪后，可使剪口附近的新梢生长旺盛，叶片大，色泽浓绿。其原因有以下几点。

修剪后，由于去掉了一部分枝芽，使留下来的分生组织如芽、枝条等得到的树体贮藏养分相对增多。根系、主干、大枝是贮藏营养的器官，修剪时对这些器官没影响，剪掉一部分枝后，使贮藏养分与剪后分生组织的比例增大，碳氮比及矿物质元素供给量增加，同时根冠比加大，所以新梢生长旺，叶片大。

修剪后改变了新梢的含水量。据研究，修剪树的新梢、结果枝、果台枝的含水量都有所增加，未结果的幼树水分增加得更多。

2. 整体抑制作用　　修剪可以使全树生长受到抑制，表现为总叶面积减少，树冠和根系分布范围减少，修剪越重，抑制作用越明显。其原因如下。

1）修剪剪去了一部分同化养分，修剪后，可剪去部分氮、磷、钾，很多碳水化合物也被剪掉了。

2）修剪时剪掉了大量的生长点，使新梢数量减少，因此叶片减少，碳水化合物合成减少，影响根系的生长，由于根系生长量变小，从而抑制了地上部的生长。

3）伤口的影响，修剪后伤口愈合需要营养物质和水分，因此对树体有抑制作用，修剪量越大，伤口越多，抑制作用越明显。所以，修剪时应尽量减少或减小伤口面积。

目前，在密植栽培的前提下，苹果幼树在生产上采取的修剪原则是：轻剪、长放多留枝，早成花芽早结果，整形、结果两不误。

（二）修剪对苹果成年树的作用

1. 成年树的特点　　枝条分生级次增多，水分、养分输导能力减弱，加之生长点多，叶面积增加，水分蒸腾量大，水分分布状况不如幼树。由于果树大部分养分用于花芽的形成和结果，使营养生长变弱，生长和结果失去平衡，营养不足时，会造成大量落花落果，产量不稳定，有时会形成大小年结果。

此外，成年树易形成过量花芽，过多的无效花和幼果白白消耗树体贮藏营养，使营养生长减弱。随着树龄增长，树冠内出现秃壳现象，结果部位外移，坐果率降低，产量和品质降低，抗逆性下降。

2. 修剪的作用　　主要表现在以下几个方面。

1）通过修剪可以把衰弱的枝条和细弱的结果枝疏掉或更新，改善了分生组织与贮藏养分的比例。同时配合营养枝短截，这样既改善水分输导状况，又增加了营养生长势，起到了更新的作用，使营养枝增多，结果枝减少。光照条件也得到改善，所以成年树的修剪更多地表现为促进营养生长，提高树体生长和结果的平衡关系。因此，连年修剪可以使树体健壮，实现连年丰产。

2）延迟树体衰老。利用修剪经常更新复壮枝组，可防止秃裸，延迟衰老，对衰老树用重回缩修剪配合肥水管理，能使其更新复壮，延长其经济寿命。

3）提高坐果率，增大果实体积，改善果实品质。这种作用对水肥不足的树更明显，而在水肥充足的树上修剪过重，营养生长过旺，会降低坐果率，果实变小，品质下降。

修剪对成年树的影响时间较长，因为成年树中，树干、根系贮藏营养多，对根冠比的平衡需要的时间长。

五、苹果树体结构、枝条类型与特性

（一）树体结构

一棵苹果树在没有开花结果的情况下，从大的方面看，由树冠、主干和根系组成。根系又称地下部分，主干和树冠合称为地上部分。树冠由中心干、主枝、侧枝、枝组和大量的叶片组成（图 5-1）。

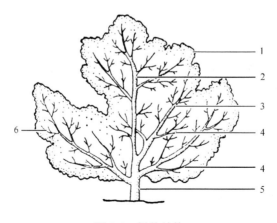

图 5-1　树体结构

1. 树冠；2. 中心干；3. 主枝；4. 侧枝；5. 主干；6. 枝组

（二）一年生枝与芽的异质性

一年生枝有两种生长类型。一种是仅一次生长所形成的，它只有春梢。这种类型的枝条，盛果期树较多，初果期多为中、短枝，有利于形成果枝。另一种是由两次生长形成的，有春梢、秋梢之别。由于夏季枝条生长缓慢，中间形成轮痕（盲节），幼树与初果期枝梢生长旺盛，因而此类型枝较多，有利于扩大树冠。

（三）顶端优势

枝条生长姿态不同，其顶端优势的表现也不同（图 5-2）。

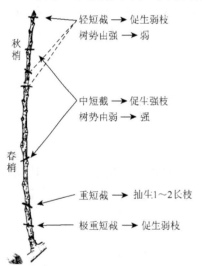

图 5-2　苹果枝顶端优势表现

顶端优势，即极性，可分为先端优势和垂直优势。先端优势是指凡枝条先端的芽，其萌发强，长势旺，而抑制其下方各芽的萌发和生长，使其依次减弱。垂直优势是指凡处于垂直位置的芽，其萌芽力和生长势都较强。直立枝上的顶芽兼具两种优势，因而抽梢最强。利用顶端优势，可以促进枝条生长和树冠扩大；抑制顶端优势，可以控制枝条生长，促生中、短枝萌发，有利于成花。

（四）萌芽力与成枝力

萌芽力是指一年生枝上芽萌发能力的大小。萌芽后，抽生长枝的能力叫成枝力。

萌芽力和成枝力都强的树，抽枝多，树冠容易郁闭；萌芽力强、成枝力弱的树，易形成中、短枝，一般结果较早（图 5-3）。

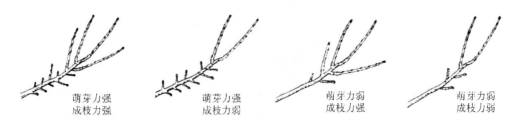

图 5-3　萌芽力与成枝力

萌芽力和成枝力因品种、树龄、树势、枝的角度和修剪方法不同而有差异。例如，'祝光''富士'比'红星''国光'萌芽力及成枝力强；幼树、壮树、直立枝的萌芽力弱；同一品种、同样的枝条，短截比轻剪长放的枝萌芽率和成枝率高。萌芽率低的品种抽生中、短枝少，进入结果期晚，对这些品种应进行轻短截或长放，外加刻芽或多道环刻；在树上无花的情况下，也可在 5 月喷布促进发枝的生长调节剂（如 40%乙烯利 200 倍液等），以削弱顶端优势，促其多发中、短枝，为早结果创造条件。

（五）新梢与果台副梢

1. **新梢**　　新梢是春季萌芽后生长的当年带叶枝条，是生长季修剪的主要对象。一般要控制其旺长，或促进其提早成形。有的新梢可以形成二次梢，或通过摘心而形成二次梢（图 5-4）。

2. **果台副梢**　　果台副梢是一种特殊的新梢。通常是控制其旺长，以保证果台坐果及促进果实生长。有时也要利用果台副梢成花，在第二年结果（图 5-5）。

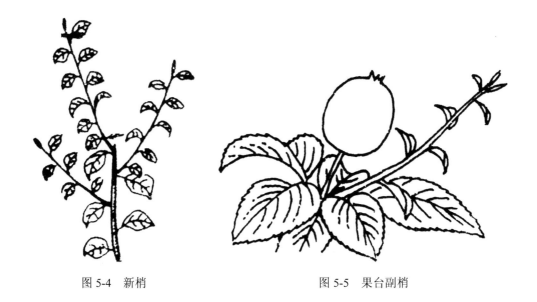

图 5-4　新梢　　　　　　　　　　　　　　图 5-5　果台副梢

（六）骨干枝

骨干枝构成定型果树树冠的骨架，是永久性枝干。骨干枝包括主干、中心干、主枝及固定的大型枝组（图 5-6）。

整形的主要任务就是按照既定的树形，逐年完成骨干枝的配置工作。选留骨干枝的位置，它与中心干的夹角即开张角度的大小，基部粗度与中心干相同位置粗度的比例，骨干枝的尖削度，以及大型结果枝组的选配空间等，都应合理地加以解决，这些都是培养骨干枝的关键问题。

（七）辅养枝

对于苹果幼树与初果树，在其骨干枝还未占据的空间内，保留一些较大的枝条和枝组，辅养树体生长。这些枝条和枝组是非永久性枝，称辅养枝（图5-7）。幼树及初结果树主要利用辅养枝早结果。随着骨干枝占据空间的增大，结果枝组培养的到位，对辅养枝应逐步加以控制，将其改造成中、小结果枝组，或完全疏除。

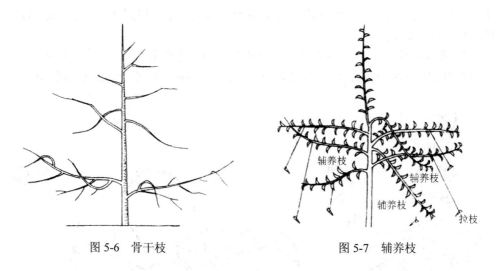

图 5-6　骨干枝　　　　　　　　　图 5-7　辅养枝

（八）结果枝与结果枝组

1. 结果枝　　苹果树有 4 类果枝：短于 5cm 的称短果枝；长 5～15cm 的称中果枝；长于 15cm 的称长果枝；另外，还有腋花芽果枝。

苹果树在初果期，多为中、长果枝结果，有时也可利用腋花芽果枝控制树势旺长。在盛果期，苹果树主要是中、短果枝结果（图5-8）。

2. 结果枝组　　苹果树的结果枝组分为小型枝组、中型枝组和大型枝组三种类型（图5-9）。

1）小型枝组的生长点在 10 个以下，长度在 30cm 以下，具有 1～2 级分枝。

2）中型枝组的生长点为 10～20 个，长度为 30～50cm，枝级在 4 级分枝以下。

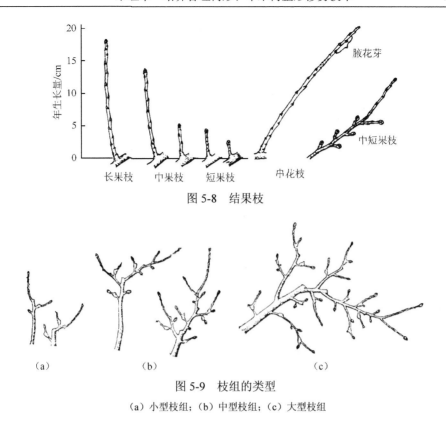

图 5-8 结果枝

图 5-9 枝组的类型

（a）小型枝组；（b）中型枝组；（c）大型枝组

3）大型枝组的生长点在 20 个以上，长度在 50cm 以上。有单轴和多轴两种类型。

结果枝组的培养和配置，是整形修剪的主要任务之一。结果枝组分为直立、侧生和下垂三种。直立枝组多以小型枝组为主，侧生枝组稳定。结果旺盛树要利用好下垂枝组。

六、苹果花芽的类型及识别方法

苹果花芽的类型很多，按其在枝条上着生的位置可分为顶芽和侧芽；按其饱满程度可分为饱满芽、半饱满芽和瘪芽；按着生的部位和萌生的时期可分为定芽、不定芽和隐芽；按其性质又可分为叶芽、花芽和中间芽（图 5-10）。图 5-11 为识别花芽的方法。

1. **外观法** 花芽芽体肥大饱满、圆钝、茸毛少而短，鳞片黑褐，有些花芽还表现为芽脖细，头偏，叶痕凸起明显。叶芽芽体瘦而尖，茸毛多而长，鳞片淡褐，脖粗，头直。此法并非完全准确，特别是有大小年结果现象的树，在小年时似花芽而是叶芽，大年时似叶芽而是花芽。另外，在苹果幼树初结果期也不易辨认。

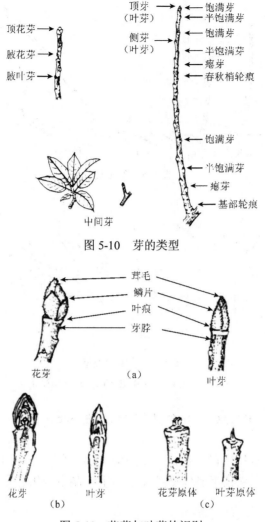

图 5-10　芽的类型

图 5-11　花芽与叶芽的识别

(a) 外观法；(b) 纵切法；(c) 徒手解剖法

　　2. 纵切法　　用芽接刀竖切芽，把芽分成两半，看纵剖面，外围鳞片相互抱合较紧，芽中央有几个淡黄绿色毛茸茸的小球（花蕾原基），芽下维管束呈"八"字形的为花芽；外围鳞片互相抱合较松，芽中心幼叶原基呈锥形，芽下维管束呈半圆形的是叶芽。

　　3. 徒手解剖法　　将芽用手剥去外层黑色的角质鳞片，再剥去多个鳞片，最后剥开淡黄色多茸毛的薄片，露出淡黄绿色的芽原体（芽心），芽原体呈圆头形（顶部略尖）的就是花芽，分拨后，内有几个小圆颗粒，是花朵。如果芽原体呈尖锥形就是叶芽。

七、苹果树整形修剪技术的创新点

(一) 要注意调节每一株树内各个部位的生长势之间的平衡关系

　　每一株树都由许多大枝和小枝、粗枝和细枝、壮枝和弱枝组成，而且有一定的高度，因此在进行修剪时，要特别注意调节树体枝、条之间生长势的平衡关系，避免形成偏冠、结构失调、树形改变、结果部位外移、内膛秃裸等现象。要从以下三个方面入手。

　　1. 上下平衡　　在同一株树上，上下都有枝条，但由于上部的枝条光照充足，通风透光条件好，枝龄小，加之顶端优势的影响，生长势会越来越强；而下部的枝条，光照不足，开张角度大，枝龄大，生长势会越来越弱。如果修剪时不注意调节这些问题，久而久之，会造成树势上强下弱，结果部位上移，出现上大下小现象，给果树管理造成很大困难，进而导致果实品质和产量下降，严重时会影响果树的寿命。整形修剪时，一定要采取控上促下、抑制上部、扶持下部、上小下大、上稀下密的修剪方法和原则，达到树势上下平衡、上下结果、通风透光、延长树体寿命、提高产量和品质的目的。

　　2. 里外平衡　　生长在同一个大枝上的枝条有里外之分。内部枝条见光不足，结果早，枝条年龄大，生长势逐渐衰弱；外部枝条见光好，有顶端优势，枝龄小，没有结果，生长势越来越强，如果不加以控制，任其发展，会造成内膛结果枝干枯死亡，结果部位外移，外部枝条过多、过密，造成果园郁闭。修剪时，要注意外部枝条去强留弱、去大留小、多疏枝、少长放；内部枝去弱留强、少疏多留，及时更新复壮结果枝组，达到外稀里密、里外结果、通风透光、树冠紧凑的目的。

　　3. 相邻平衡　　中心领导干上分布的主枝较多，开张角度有大有小，生长势有强有弱，粗度差异大。如果任其生长，结果会造成大吃小、强欺弱、高压低、粗挤细的现象，影响树体均衡生长，造成树干偏移、偏冠、倒伏、郁闭等不良现象，给管理带来很大的麻烦。修剪时，要注意及时解决这一问题，通过控制每个主枝上枝条的数量和主枝的角度两个方面，来取得相邻主枝之间的平衡，使其尽量一致或接近，达到一种动态的平衡。具体做法是粗枝多疏枝、细枝多留枝；壮枝开角度、多留果，弱枝抬角度、少留果。坚持常年调整，保持相邻主枝平衡，树冠整齐一致，每个单株占地面积相同，大小、高矮一致，便于管理，为丰产、稳产、优质打下牢固的基础。

(二) 整形与修剪技术水平没有最高，只有更高

　　在果园栽植的每一棵树，其生长、发育和结果的过程，与大自然提供的环境

条件和人类产生的人为影响密不可分。环境因素很多，也很复杂，包括土壤质地、肥力、土层厚薄、温度高低、光照强弱、空气湿度、降雨量、海拔、灌水和排水条件、灾害天气等。人为影响因素也很多，包括施肥量、施肥种类、要求产量高低、果实大小、色泽、栽植密度等。上述因素都对整形和修剪方案的制订、修剪效果的好坏、修剪的正确与否等产生直接或间接的影响，而且这些影响有的当年就能表现出来，有些影响要几年甚至多年以后才能表现出来。举一个例子说明修剪的复杂性和多变性，我国 20 世纪 60 年代末期，在北京南郊的一个丰产苹果园举行果树冬季修剪比武大赛，要求有苹果树栽植的省、市各派两个修剪高手参加，每个人修剪 5 棵树，1 年后，根据树体当年的生长情况和产量、品质等多方面的表现，综合打分，结果是北京选手得了第一名和第二名，其他各地选手都不及格。难道其他的选手修剪技术水平差吗？绝对不是，而是他们不了解北京的气候条件和管理方法，只是照搬照抄各自当地的修剪方法，才导致这一结果。这个例子充分说明一件事，果树的修剪方法必须和当地的环境条件及人为管理因素等联系起来，综合运用，才能达到理想的效果。所以说，修剪技术没有最高，而是必须充分考虑多方面的因素对果树产生的影响，才能制订出更合理的修剪方案。不要迷信别人修剪技术高，人们常说的"谁的树谁会剪"就是这个道理。

（三）修剪不是万能的

果树的科学修剪只是达到果树管理丰产、优质和高效益的一个方面，不要片面夸大修剪的作用，把修剪想得很神秘，搞得很复杂。有些人片面地认为，修剪搞好了，所有问题就都解决了；修剪不好，其他管理都没有用。这是完全错误的想法。只有把科学的土、肥、水管理，合理的花果管理，综合的病虫害防治等方面的工作和合理的修剪技术有机地结合起来，才能真正把果树管理好。一个好不算好，很多好加起来，才是最好。对于果树修剪来说，就是这个道理。

（四）果树修剪一年四季都可以进行

果树修剪是指果树地上部一切技术措施的统称，包括冬季修剪的短截、疏枝、回缩和长放；春季的花前复剪；夏季的扭梢、摘心、环剥；秋季的拉枝、捋枝等。有些地方的果农只搞冬季修剪，而生长季节让果树随便长，到了第二年冬季又把新长的枝条大部分剪下来。这种做法的错误是一方面影响了果实的产量和品质（把大量光合产物白白浪费了，没有变成花芽和果实）；另一方面浪费了大量的人力和财力（买肥、施肥）。这种只进行冬季修剪的做法已经落后了，当前最先进的果树修剪技术是加强生长季节的修剪工作，冬季修剪作为补充。谁的果树做到冬季不用修剪，谁的技术水平更高。果树不同时期的修剪要点可以总结成4句话：冬季调结构（去大枝），春季调花量（花前复剪），夏季调光照（去徒长枝、扭梢、摘心），秋季调角度（拉枝、拿枝）。

第二节　优质丰产树形

一、高纺锤形

（一）高纺锤形树形的特点

整树树形呈高细纺锤形，树冠矮小，小主枝沿中心干螺旋状分布，无须培养永久性大主枝，只需培养强壮中心干即可。小主枝上直接留结果枝，不留结果枝组（图 5-12）。树冠内膛光照条件极好，光能利用率高。果实在树冠内分布均匀，

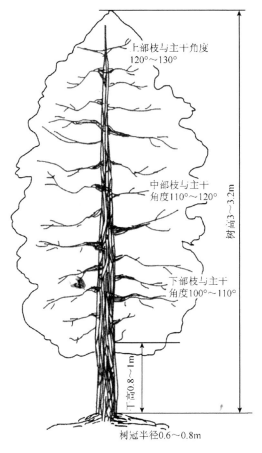

上部枝与主干角度
120°～130°

中部枝与主干
角度110°～120°

下部枝与主干
角度100°～110°

树高3～3.2m

干高0.8～1m

树冠半径0.6～0.8m

图 5-12　高纺锤形树形结构

冠内外膛果型大小整齐，果实品质一致，优质果率极高。该树成形快，结果早，一般 3 年就可以定树形、挂果，不同树龄的树势较稳定，结果能力强，产量高。适合亩栽 100～180 株的矮砧果园采用。

高纺锤形树冠冠幅较小，小主枝长度为 1m 左右，与人的手臂长度相近，有利于人工在果园干活，也有利于将来机械作业，能大幅度节省劳动力。

（二）高纺锤形树形的成形管理及修剪

该树形适合的行距是 3～4m，株距 1～1.5m，成功的关键是要采用矮化砧或矮化中间砧（图 5-13），建园苗木选用 2～3 年生健壮苗木（图 5-14）。

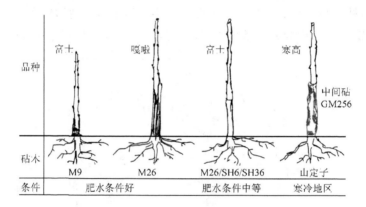

图 5-13　高纺锤形树形选用的砧木

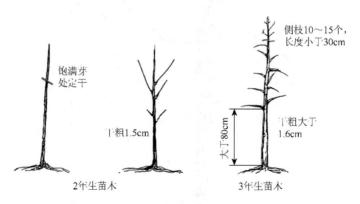

图 5-14　高纺锤形建园选 2～3 年生健壮苗木

栽后第一年春季要进行定干、嫁接、剪砧，对苗木进行重短截，然后用竹竿扶正苗木使其顺直生长，冬季对中心干弱的进行短截（图 5-15）。

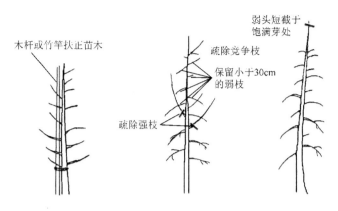

图 5-15　高纺锤形定植第一年修剪

栽后第二年、第三年、第四年的修剪与整形如图 5-16～图 5-18 所示。

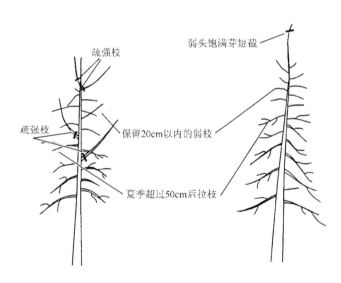

图 5-16　高纺锤形定植第二年修剪

二、小冠开心形树形

小冠开心形是专门解决我国乔化密植果园郁闭、大枝多和空间小等问题的树形。该树形整形结构简洁，光照合理，果实品质优异。对 3～4 年生的幼树树干高要达到 140cm 以上，培养 5～8 个结果骨干枝，建立 40 个长轴结果枝组。大树果园冬剪时疏除主干高 1.2m 以下的骨干枝（疏枝提干），在主干 1.2～2.6m 选择性疏除原有树形结构中过多的骨干枝，仅选留 3～4 个枝组，同时落头开心。

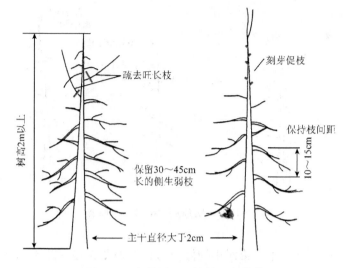

图 5-17　高纺锤形定植第三年修剪

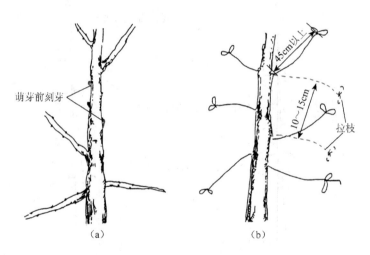

图 5-18　高纺锤形定植第四年修剪
（a）刻芽促枝；（b）新梢足够长（45cm 以上）后拉枝

（一）小冠开心形树形的特点

小冠开心形以主干高度划分，有高干、中干和低干开心形 3 个类型，树干高度为 1～1.8m，树干越高，主枝角度越大，即低干开心形为 50°，中干开心形为 60°～70°，高干开心形为 80°。以主枝数量划分，有四主枝、三主枝和三主枝开心形 3 个类型。最好是第一主枝朝南，最上主枝朝北；在每个主枝上，配 2～4 个小侧枝，每 1m 左右配置 1 个大枝组、2 个中枝组、3～5 个小枝组[图 5-19（a）]。为改善光照，可适当拉大枝组间距[图 5-19（b）]。

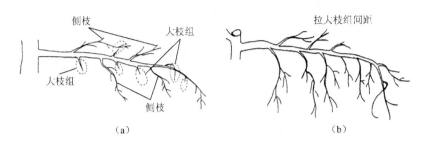

（a）　　　　　　　　　　　　　　　　（b）

图 5-19　小冠开心形主枝上的各枝组分布

（a）枝组分布；（b）拉大枝组间距

枝组配置要做到：上、中、下搭配合理，大、中、小错落有序，扇形结果（图 5-20）。大型结果枝组由中小型结果枝组组成，中型结果枝组由 3～5 个小型结果枝组组成，小型结果枝组由预备枝连续甩放而成。

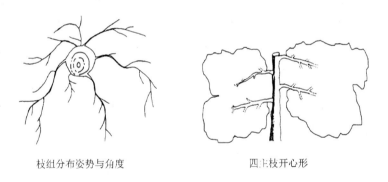

枝组分布姿势与角度　　　　　　　　　四主枝开心形

图 5-20　枝组配置

（二）小冠开心形的整形步骤

从苗木定植到树形基本完成，小冠开心形的整形是随着树体由小到大生长发育的渐变过程而逐渐完成的，可划分为 3 个阶段，即幼树期的主干形阶段、结果期的变则主干形阶段和完成开心形阶段。这 3 个阶段是树体生长发育一生树形变化的路线，是苹果小冠开心形整形的运动轨迹（图 5-21）。

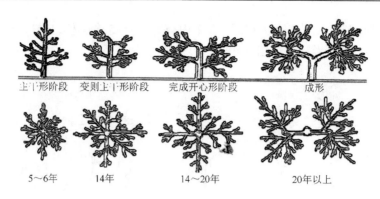

上干形阶段　变则上干形阶段　完成开心形阶段　　　成形

5～6年　　　14年　　　　14～20年　　　　20年以上

图 5-21　小冠开心形整形的运动轨迹

三、其他几种短枝型苹果树的树体结构及整形修剪特点

（一）小冠疏层形

小冠疏层形（图 5-22）可以在乔砧密植树上应用，也可以在半矮化砧或短枝型品种树上应用。干高 50cm 左右，全树 5 个主枝，分为三层，均匀分布。第一层 3 个主枝，主枝间水平夹角约 120°，第一主枝与第三主枝相距 20～30cm，主枝与中心干的夹角为 65°左右。每个主枝上培养两个侧枝，第一侧枝距干 30cm 左右，第二主枝在第一侧枝对面，与第一侧枝相距 20～30cm。在主枝上直接培养大、中、小型结果枝组。第二层两个主枝，第四主枝与第三主枝相距 80～100cm，第四主枝与第五主枝相距 20cm，开张角度为 50°～60°，其上可培养一个较小的侧枝或无侧枝，直接培养结果枝组，冠径 4m，树高 3～3.5m，待大量结果树势稳定后，剪去中心干顶端延伸部分，即落头开心。

苗木定植后，春季发芽前，于地上 75～80cm 饱满芽处定干，留下 20cm 为整形带，选择整形带内的饱满芽，用刻芽技术促使芽体萌发、抽枝。当年冬剪时选出第一层三个主枝和中心领导干，长枝一律轻截或中截，可在第二年扩大树冠，增加枝叶量。对辅养枝缓放，增加短枝量。第二年春拉开主枝及辅养枝角度，主枝基角 60°～80°，辅养枝可拉平成 90°，中心领导干留 45～55cm 进行短截（图 5-23）。从第二年冬剪开始，每年按整形的要求选留主侧枝和第二层主枝（图 5-24）。4 年后，树冠基本成形，在修剪中以轻剪缓放为主，主侧枝延长头如有空间，对其进行轻短截，否则一律缓放不短截。辅养枝、临时枝、过渡层枝以缓放促发短枝、提早结果为主，疏除过密、过强的徒长枝及背上枝。5 年后开始大量结果，及时有计划地清理辅养枝，分期分批地控制和疏除（图 5-25）。

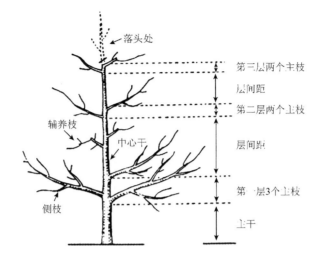

图 5-22　小冠疏层形树体结构

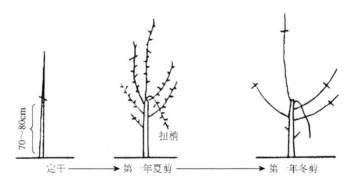

图 5-23　栽后第一年修剪

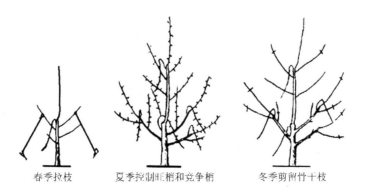

图 5-24　栽后第二、三年修剪

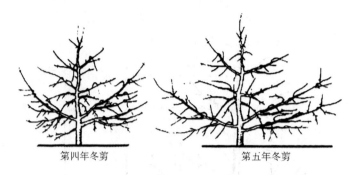

第四年冬剪　　　　　　　　第五年冬剪

图 5-25　栽后第四、五年修剪

（二）自由纺锤形

自由纺锤形苹果树的树体结构见图 5-26。树高 2.0～3.0m，冠径 2.0～2.5m，中心领导干上着生 10～12 个主枝，不分层。下部略大，枝展为 1.0～1.2m，开张角度为 80°左右。中上部主枝逐渐变小，开张角度为 80°～90°。

图 5-26　自由纺锤形

栽后第一年春季要进行定干、抹芽，夏季对竞争枝要扭梢，秋季要进行疏枝和拉枝，冬季要进行疏枝和短截及中截（图 5-27）。

栽后第二年夏季进行疏枝与扭梢，冬季进行疏枝与回缩。栽后第三年夏季进行扭梢，冬季进行回缩（图 5-28）。

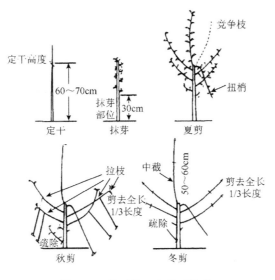

图 5-27　栽后第一年整形修剪

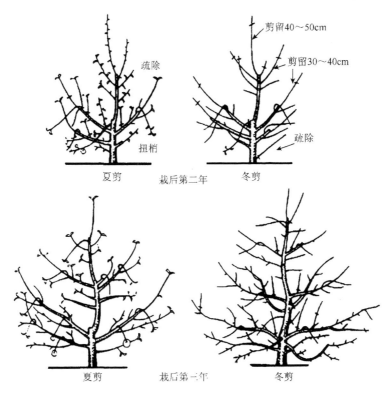

图 5-28　栽后第二、三年修剪

（三）细长纺锤形

细长纺锤形苹果树的树体结构见图 5-29。细长纺锤形是一种高密植早果丰产树形，适用于株距小于 2m 的短枝型品种和矮砧果园。全树上下有 15～20 个侧生分枝，均匀分布于中心干的上下和四周。在整形过程中应注意保持上弱下强和上小下大的状态，中心干上保持 15～20 个侧生分枝。

细长纺锤形的整形过程和自由纺锤形大致相同，主要差别在于定干高度略高，侧枝数量稍多，长度略短，适于在栽植密度较大的果园中应用（图 5-30～图 5-32）。

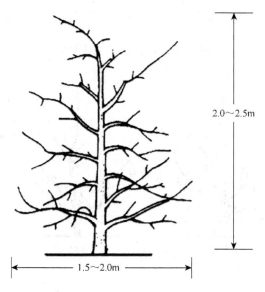

图 5-29　细长纺锤形树体结构

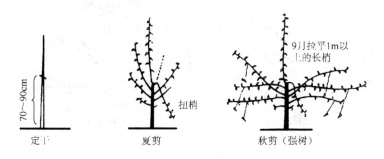

图 5-30　栽后第一年整形修剪

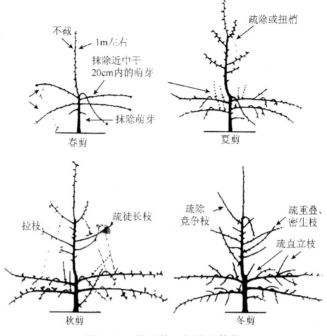

图 5-31 栽后第二年整形修剪

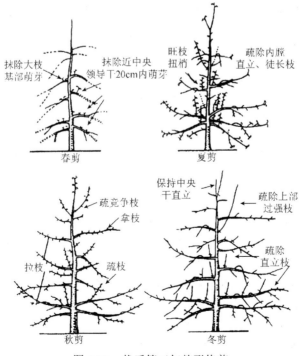

图 5-32 栽后第三年整形修剪

第三节　树体调控技术

一、四季修剪

（一）花前复剪

果树的花前复剪是在冬季修剪的基础上，在果树开花前进行的以弥补冬剪不足的一种修剪方法。进行花前复剪可以合理利用树体贮存养分，增加有效花，提高坐果率，保证果树丰产、稳产。

一般在萌芽后能辨别花芽和叶芽时进行，在花蕾膨大期以前完成，有20d左右。

复剪的基本原则是：先剪花多弱树，后剪旺树；先剪萌芽早的品种，后剪萌芽晚的品种；先剪成龄树，后剪幼龄树。

（二）夏季修剪

果树夏季修剪对加速培养结果枝组，尤其对缓势促花、提高坐果率具有重要作用。其方法主要包括别枝、扭梢与扭枝、拿枝、摘心、环剥（刻）、疏梢、短截和利皮等。

1. 别枝　　别枝是人工加大枝条角度的一种手法。角度改变后，枝的生长中心也随之发生变化。角度小时，顶端优势强，加大角度后可以削弱顶端优势，起到均衡枝条前后长势的作用。枝条被别后，前后营养分配均衡，能够增加短枝数量，促进花芽形成，提高坐果率和结果量。常见苹果品种中，'金冠''红玉'等别后成花效果较好，'国光'次之，元帅系较差。别枝的同时基部环剥，形成花芽的效果更好。

2. 拿枝　　拿枝是通过人工软化增大枝条角度的一种手法，春季都可进行。春季树液刚刚流动后，枝条较软，容易操作，固定也快，较粗的枝应一手托住枝的后部，另一只手下压枝的前部，慢慢用力，逐步由内向外移动，以木质部出现"嗞嗞"断裂声为宜，枝条粗而硬时，应反复进行几次，直至枝条平伸，略下垂为止。操作中注意不要用力太猛，防止枝条断裂，拿枝对缓和枝条长势、加大角度、提高萌芽力、促进成花的效果都很好。

3. 摘心

（1）作用机理　　摘心是指通过去掉顶端生长点和幼叶，使新梢内的赤霉素、生长素含量急剧下降，失去了调动营养的中心作用，失去了顶端优势，使同化产物、矿物质元素和水分向侧芽的运输量增加，促进了侧芽的萌发和发育。同时摘心后，由于营养有所积累，剩余部分叶片变大、变厚，光合能力提高，芽体饱满，枝条成熟快。

（2）摘心的效果及应用　　摘心可以提高坐果率，促进果实生长和花芽分化，但必须在器官生长的临界期进行的摘心才有效。'富士'苹果早期对果台副梢进行摘心，可明显提高坐果率，增大单果重。

摘心可以促进枝条组织成熟，基部芽体饱满，摘心可在新梢缓和生长期进行，在新梢停长前 15d 效果更明显，可以防止果树由于旺长造成的抽条，使果树安全越冬。

摘心可以促使二次梢的萌发，增加分枝级次，有利于加速整形。但只适用于树势旺盛的树，进行早摘心、重摘心，可达到目的。

摘心可以调节枝条生长势，苹果树上对竞争枝进行早摘心，可以促进延长枝的生长，对要控制其生长的枝条，可采用早摘心。

4. 环剥　　环剥是一种夏季修剪措施。苹果一般在 5 月下旬至 6 月上旬开始环剥，有显著的促花效果。

环剥口的宽度视枝轴粗细而定，枝细则窄，枝粗则宽，一般以枝轴直径的1/10 为宜，即使粗枝也不要超过 0.5cm，以免引起死枝。过窄时，促花效果差。环剥口要深达木质部，边缘光滑整齐，中间的皮呈环状去掉。环剥的对象多为临时枝、裙枝、辅养枝和生长旺盛的枝组，一般不要环剥骨干枝，以保证骨干枝的长势。

环剥前要浇一次水，以利剥皮，并避免剥掉的树皮带走过多的形成层细胞。环剥技术只能调整营养的分配，促进成花和坐果，不但不能增加树体营养，反而由于结果量的增加和对生长的抑制作用而降低树体的营养水平，因此环剥的树要加强土、肥、水等综合管理。

5. 环刻

（1）主枝或主干环刻　　在主干或主枝的基部用刀刻伤一圈，深达木质部，即为主枝或主干环刻。刻口愈合需 10d 左右。环刻的时期、作用与环剥相同，唯强度较弱，一般品种环刻 3 次等于 1 次环剥。此法适用于环剥不易愈合的品种，如元帅系、印度系等。环刻时可据树势强弱不同，每隔 10d 左右环刻一次，根据树势连续环刻 3～5 次，即可收到环剥的效果。

（2）多道环刻　　在一二年生长放枝条上，从基部开始每隔 20cm（普通型品种）或 30cm（短枝型品种）左右环刻一圈，枝条顶部留 35cm 左右不再刻伤。进行多道环刻的时期是春季发芽期至新梢开始生长期。'国光'品种因刻口愈合较快，可早些；短枝红星系刻口愈合较慢，可晚些。多道环刻有促进新梢萌发和成花的作用，若加上主干环剥处理，成花效果更显著。

6. 扭梢　　生长旺盛的新梢在半木质化时（5 月中下旬开始），在距基部 7cm 左右处用手向下扭转 360°～720°，使之由扭处变为下垂或平生。扭梢能起到控制新梢旺长、促进顶部花芽形成和培养小型结果枝组的作用。扭梢多用于苹果壮幼树，但不宜过多采用，以免枝叶密集影响通风透光。对元帅系等不易成花的品种，效果很好，能有效地促进花芽形成。

7. 短截　　夏季短截主要是短截一些应在冬季休眠期剪除的无用新梢，从而减少休眠期的修剪量，并能缓和树势，利于花芽分化，增加短果枝数量以利于来年开花结果。短截的时间一般以 7 月中旬为宜。短截的对象主要以剪截着生在一年生枝顶端新梢附近的侧枝新梢和背上新梢为主。但从枝背上抽生的新梢，短截后萌发的二次枝生长旺盛的，宜从基部疏除。尤其'红富士''新红星'等品种在短截过的新梢上发出的二次枝，容易形成短果枝，效果较好。

8. 利皮　　相比环剥（割），利皮具有易愈合、连续利用等特点，且能有效形成花芽和提高产量。利皮技术一般多用于乔化幼旺树，一般每年进行一次，时间以 5 月下旬至 8 月上旬为宜。其方法为：用芽接刀在树干光滑部位先环割一圈，把皮层切透达木质部。再把环切线分割为 2～3cm 宽的线段，再在各线段上用刀竖向向下切割长 5cm 左右的切口，深达木质部，然后分别把每条皮层揭开，再合住恢复原位，最后用塑料薄膜把利皮环绑保护。

（三）秋季修剪

苹果秋季修剪，即 8～9 月进行的修剪，对缓和树体生长势、促进成花、提高幼树的抗寒越冬能力等具有重要的作用，具体做法包括以下几个方面。

8 月中下旬，对树体外围旺、密的新梢及背上多余的密生枝、徒长枝、直立枝及重叠枝、内向枝、竞争枝、病虫枝等进行剪除，以改善光照，促进花芽发育和枝条成熟。

8 月上中旬，对二年生长放枝，在一二年生交界处戴死帽修剪，以促进花芽形成；对一年生新梢，在春秋梢交界处戴活帽修剪，以利多抽短枝。

8 月间，对骨干枝摘心，可促发侧枝，有利于扩冠；对夏季摘心后的辅养枝副梢再次摘心，促其多分枝，可提前培养结果枝组成花结果。

9 月间，对侧生分枝及中心干上 80～100cm 的延长枝拉成 70°～80°，拉枝时应与辫、拧、圈等结合，这种措施尤其适于短枝型品种和矮化砧的纺锤形整枝。

秋季修剪伤口易愈合，因此采收后对过高、过密、过长的大枝进行疏缩。待果实采收后至落叶前，树冠郁闭程度一目了然，对于树体中过密大枝进行疏除，既可改善树体光照，促进光合作用，增加有机营养的合成和积累，又有利于伤口的愈合和减少伤口周围萌发萌蘖，优于冬剪时疏除。

秋季修剪注意的几个问题：秋剪要因势而异，主要对象为旺树，并适当进行，以免削弱树势。秋剪时间不宜太早和太晚，并配合早施基肥。秋季雨水多时，疏大枝时要涂伤口保护剂，以防感病。

（四）冬季修剪

冬季修剪的基本方法有以下4种：疏枝、甩放、短截、回缩。

1. 疏枝　　将枝条齐根剪除，叫作疏枝。盛果期树枝量大、衰弱枝较多、果园郁闭问题严重者，可用疏枝法。疏枝对伤口上枝组有削弱作用，而对伤口下枝组有增强作用。疏枝要伤口平齐，并有 20°～30°倾斜度。对当年生长的无用枝、直立徒长枝和萌蘖疏除，可以节约养分，改善树冠光照。疏除一年生竞争枝和密生旺长枝，可以加强延长枝生长势，改善树冠光照。疏除一年生、轮生、双生、重叠和交叉枝等，有利于幼树整形、枝组形成和改善光照。对影响骨干枝发展和枝组形成的辅养枝进行疏除，可以促进骨干枝发展和枝组形成，改善内膛光照。疏除树顶部主枝上面的过大侧生分枝，有利于改善下层光照，控制树高。疏除花、芽、果，可以减少树体负载，有利于节约养分。对新定植幼树，抹除刚吐出不久的嫩芽，可以减少养分消耗，有利于整形。疏除萌蘖，有利于上部枝条发育。

目前我国大部分果园郁闭问题突出，应尽可能采用疏枝法，给大枝和枝组间留够距离。不留"树上树"和背上大枝组，以及背上强旺枝。但一般不提倡连续疏枝和疏对口枝（同一枝干的相对位置的树枝），因其对全树削弱作用太大，容易引起树势衰弱。

2. 甩放　　对当年生枝条不进行剪截，缓放不动，称为甩放。甩放有利于缓和树势，促发中、短果枝及叶丛枝，以提早成花结果。

3. 短截　　指剪去一年生枝条的一部分。短截有促进新梢生长势，提高成枝率和萌芽率的作用。按短截程度不同，可分为轻、中、重、极重短截 4 种。一般来说，短截不利于花芽的形成。短截越重、短截数量越多，越不利于花芽的形成。

4. 回缩　　对两年以上生枝条的剪截，叫作回缩。回缩对树体影响较大，因此要分年分批进行。一次回缩比例超过 10%，就会因为修剪量过大而造成大量冒条，树势返旺，影响成花。因此，回缩多用于盛果树和衰老树，幼树则不用。

将枝势转弱、枝轴下垂的枝组回缩于中、后部分枝处，可以复壮枝组势力，形成中小型结果枝组。对冗长、枝轴过高、体积过大的枝组，在枝轴中下部回缩，可以复壮枝组势力，使枝组紧凑。对密度较大的枝组，于下部回缩枝组，可以改善枝组光照，促进周围枝组发展。

当枝组原头下垂时，将其回缩到后部 2～4 年生部位的良好分枝处，可以增强延长枝生长势，降低树高，紧凑树冠。若果园郁闭、同层骨干枝过多时，缩剪骨干枝，或将两骨干枝中间的辅养枝回缩，有利于骨干枝合理配备，改善果园光照。老树在背上枝生长良好处，与多年生枝基部回缩主侧枝，可以更新老树枝组，复壮弱枝势力，减少生长点。

二、不同年龄时期的修剪特点

（一）幼树及初果期树修剪

当前幼树修剪上存在定干过矮、留枝过早、选留主枝不当、留枝过少等问题。

1. 幼树修剪技术

（1）定干　　定干高度：根据苗木高度而定，尽量保留所有饱满芽定干。具体定干高度可参照以下指标进行。苗木高度 1.5m 的，定干高度可达到 1.2m 左右，苗木高度 1.8m 的，定干高度可达到 1.4m，苗木高度 2m 以上的，定干高度可达到 1.6m 以上。

定干时应保证剪口下第一芽朝向南面或西南面，同时用愈合剂涂抹剪口，保证第一芽的健壮生长。

定干后刻芽：定干后要对苗木进行刻芽，具体方法是从剪口下第六个芽开始，每 3 个芽刻 1 个，直到离地面 70cm。注意上部轻刻，向下依次加重。也可采用 6-BA 复合激素涂抹，对于提高萌芽率效果十分明显。

（2）定植后当年休眠季节修剪（即定植后第二年春季萌芽前修剪）　　无论采用哪种树形，定植当年冬季修剪时都不要选留主枝，当年发出的枝条，距地面 70cm 以内的枝全部疏除，上部枝条全部极重短截，剪口向上，呈马蹄形，且不要保留芽眼。中心枝剪留长度根据长势而定，一般保留 2/3 进行剪截，或在饱满芽处剪截。

（3）定植后的第二年休眠季节修剪（即定植后第三年春季萌芽前修剪）　　定植后的第二年，中心枝及中心干上抽生的枝条，对主枝与中干枝粗比大于 1/3 的枝进行极重短截，疏除过密枝和重叠枝，其余枝条尽量保留，不要过分强调枝间距。如果选留的主枝达不到 10 个以上，要对主干上抽生的枝条全部进行极重短截，重新发枝，第四年再选留主枝。多留枝有利于辅养中心干，增强中心干的长势，并能分散枝条势力，加大中心干与主枝的粗度比。中心枝仍保留 2/3 进行剪截。保留的枝条春季进行刻芽，夏季可在主枝上环切，以促进花芽形成。

　　（4）定植后第三年休眠季节修剪（即定植后第四年春季萌芽前修剪）　　定植第三年保留的枝条已有部分形成了花芽，休眠季节修剪时，除生长势过旺、枝粗比太大的主枝疏除外，其余枝条保留其结果。中心枝仍保留 2/3 进行剪截。

　　（5）定植后第四年休眠季节修剪（即定植后第五年至春季萌芽前修剪）　　定植后第四年果树基本进入初果期，纺锤形树形按照定植后第三年休眠季节修剪方法进行修剪。小冠疏层形树形应注意重点培养第一层和第二层主枝，选留骨架牢固的枝作为主枝进行培养，同时注意培养结果枝组。但无论采用哪种树形，都要做到边结果边整形。定植第四年乔砧树树高达到 3.5m 以上、矮砧树树高达到 3m 以上的树不要再对中心枝进行剪截，达不到要求高度的树中心枝仍保留 2/3 进行剪截。

　　（6）定植后第五年以后休眠季节修剪（即定植后第六年以后春季萌芽前修剪）　　定植后第四年已经开始结果，自第五年开始产量每年提高，修剪上要注意结果与整形相结合，乔砧树要注意结果枝组的培养。修剪时疏除低于 70cm 的主枝和过密枝，逐年调整主枝间的间距，边结果边整形，直到第十年达到目标树形。

　　2. 幼树的夏季修剪　　规模种植的果园，为减少劳动力投入，定植后第一年和第二年中干上萌发的枝盘，除竞争枝外，其他枝条不做任何处理，让其自然生长，竞争枝于 7 月中下旬保留两个芽进行重短截，以促进中心枝的生长。

（二）盛果期树的修剪

　　主要目的是维持树势，推迟衰老，调节生长和结果的关系，改善光照条件，维持树冠结构和枝组的结果能力，防止出现大小年现象。

　　盛果初期要适当轻剪，并逐步处理辅养枝，使之转化为结果枝组。对角度小、影响通风透光的主枝要继续开张角度，控制上层枝的背上枝组和下层枝背上枝组的数量和生长势，对主枝前端生长旺而直立的枝进行疏除或改变方向后重回缩，以改善内膛光照和枝组的生长势。

　　随着树龄的增长和树冠的扩大，内膛枝生长势渐衰，结果部位外移，骨干枝先端因负载果实而下垂，这时应对主枝延长枝头转主换头，抬高角度，用弱枝带头，对交叉枝、重叠枝、下垂枝和并生枝进行修剪。在周围枝量大时，两个重叠枝和并生枝可各剪去一个；枝量小时，应缩剪和转换交叉、重叠或并生枝头，使两枝一上一下、一左一右穿插空间发展。

　　盛果期要特别注意控制和克服大小年结果现象。对于花芽多的大年树要适当多疏剪花芽，细致更新结果枝。对花芽成串的结果枝要短截，疏除过密过弱的花芽，留下壮枝壮芽。中长果枝及有花芽的果台枝要短截和破顶，留有一定比例的预备枝，使小枝交替结果，轮流更新。对当年的营养枝要轻剪或不剪，以增加翌年小年树的花量。对结果部位外移、后部光秃的衰弱结果枝，除进行疏剪外，对其上的一年生枝要在饱满芽处重截，促其分枝。对花芽少的小年生树，尽量多保留花芽。对需要进行剪截的多年生结果枝，如先端有花芽可暂不剪，使其结果，翌年再进行剪截。对一年生的营养枝可适当短截，促其发枝，以减少翌年大年的花芽量。对生长弱而无花芽的多年生枝可缩剪到壮枝壮芽上，以便更新复壮。对结果正常的稳产树要保持各级骨干枝的主从关系，使其树势均衡，枝条分布均匀。同时，要加强结果枝的培养和更新复壮，保持结果枝和生长枝的比例为1：（3～4），使其达到交替结果、连年丰产稳产的效果。

盛果后期注意利用中后部的徒长枝、直立枝培养结果枝组，先对其重短截，待分枝后再去直留平、去强留弱、去远留近，促其向两侧有空间的位置伸展。全树各类枝要保持上疏下密、外疏内密的状态。若树体过高，要注意逐步落头。

（三）衰老树的修剪

衰老树的修剪以服从更新复壮恢复树势为主。大枝轻疏轻缩，少造成伤口；小枝应全面复壮，增强活力。

选好预备枝培养新头。老树修剪基本保持原有骨架不动，在骨干枝的 5～6 年生部位，选择原有侧枝或新萌生枝作预备枝进行培养，代替原头。

充分利用背上两侧枝组结果。树体衰老时，树冠内膛单轴果枝和背后下垂枝枯死率很高，结果部位转移到背上、两侧枝组及树冠外围结果枝上。为了集中营养，应逐步疏除下垂枝和树冠内衰老细弱的果枝，充分培养利用背上枝结果，更新复壮两侧结果枝组，剪口多留枝上芽，抬高枝条角度，提高结果能力。

合理利用冠内徒长枝。对于树冠内萌发的徒长枝，除过多者外一般不疏除，根据空间大小和芽体饱满程度进行短截，增加枝叶量，培养带头枝或结果枝组，疏除过多花芽，防止大小年结果。

三、生产上常见的几种类型树的修剪

（一）旺树的修剪

外围枝清头修剪，即延长枝甩放并连环刻芽，单轴延伸，去掉多余的竞争枝；主枝两侧及背后多留枝甩放，以分散生长势；疏除背上强旺枝组和强旺枝；将直立枝组改为背上斜生枝组，以强枝带头，缓和势力。

（二）外强内弱树的修剪

拉枝开角，加大骨干枝的角度；外围延长枝单轴延伸；疏除外围背上和两侧强旺枝组和旺长枝；骨干枝的中后部多留枝，多甩放中长枝；疏除过多的骨干枝。

（三）内强外弱树的修剪

回缩原头，培养角度适宜，强旺的长枝或枝组作新头，控制背上的旺长枝；疏除中后部旺长枝和枝组；背上、两侧多甩放中、长枝，以缓和长势。

（四）上强下弱树的修剪

对于二层主枝过大的树，可结合提干逐年去除一层主枝，利用二层主枝结果；对于纺锤形上强树，可改造树形为"十"字形，也可疏除上部强旺主枝和过多主枝。

（五）弱树的修剪

加强肥水管理，提高土壤有机质含量；减少负载量，复壮树势；减少分枝级次及侧枝的数量；对各级延长枝短截在饱满芽处，也可回缩至3～5年生枝段的壮分枝处；枝组回缩到壮分枝处；营养枝多中截，多促发壮中枝和少量的长枝。

（六）大小年树的修剪

1. 小年树的修剪　　小年树一般花芽量较少，修剪不当往往造成树势不稳定，影响当年的产量。为防止树势返旺，小年树冬季修剪时应尽量少疏或不疏大枝；多保留花芽；同时多留枝，多甩放发育枝，以缓和树势。

2. 大年树的修剪　　大年树花芽多，在修剪时，要做到细致修剪，可以适当去除过密大枝、过多的花枝，调理结果枝组的布局，疏除无效枝，减少养分消耗，同时多保留发育枝以备来年结果，防止大小年现象的发生。

四、休眠季节修剪应注意的几个问题

1. 对于过长的主枝需要换头树　　注意选留的新带头枝的粗度要达到原主枝头粗度的1/2以上，或者是回缩到8年生以上枝段上，否则容易造成枝势返旺，不利于树势稳定。

2. 对于树龄过大、树势偏弱的树　　要保留部分平斜的中庸健壮一年生枝条进行缓放，结合春季进行刻芽，培养结果枝组。

3. 对于幼旺树　　背上中庸枝可隔三差五保留，不要全部疏除，待秋季再进行处理，以利于缓和树势。

4. 大枝疏除过多时，小枝的处理　　除无效枝疏除外，其余枝条尽量少动，尤其是不要进行回缩。

5. 树高的确定及适宜的落头时间　　不同砧木和不同栽植密度的果树所适宜的树高依据行距而定，乔砧果树适宜的树高为行距的75%，矮砧为行距的90%左右。当树高达到适宜的高度后要落头，控制其树高，落头不要过早、过急，一般掌握在13年以后逐年落头，2～3年达到适宜的高度。

五、结果枝组的培养与更新

结果枝组的培养与更新修剪，是苹果整形修剪中较为精细的修剪技术。方法主要包括先放后截法（图 5-33），先截后放法（图 5-34），连年长放单轴延伸成花结果后回缩（图 5-35），连年短截多轴延伸缓放成花（图 5-36），三套枝修剪法（图 5-37），疏、截过多的果枝（图 5-38）。对于这些基本方法，要灵活运用，综合应用，才会收到好的效果。

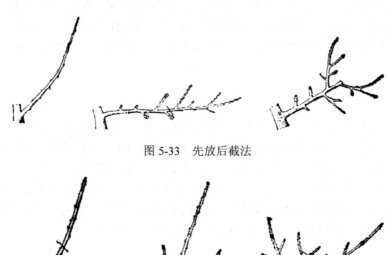

图 5-33　先放后截法

图 5-34　先截后放法

图 5-35　连年长放单轴延伸成花结果后回缩

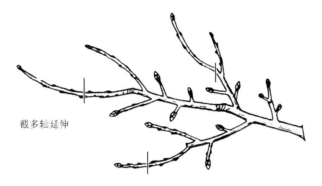

截多轴延伸

图 5-36　连年短截多轴延伸缓放成花

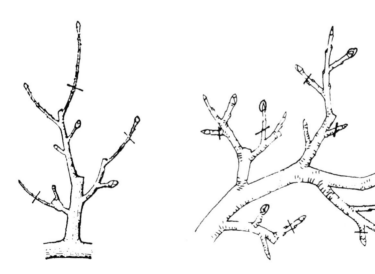

图 5-37　三套枝修剪法　　　　　　　图 5-38　疏、截过多的果枝

　　结果枝组的培养与更新修剪技术的应用，要根据苹果品种、果树个体生长势、不同年龄时期、不同枝条和枝组等情况，做出合理的连年修剪的计划。

　　对于结果枝组，更新其枝条的一般手法有去直留斜、去弱留壮、去密留稀、去老留新等。

六、省工简化修剪法

（一）提倡不短截

　　短截可促进抽生健旺枝条，过去大量应用。但短截太多，导致满树抽生旺条，严重影响树体通风透光和第二年花芽形成。现提倡仅在幼树扩冠阶段，需培养强头和强分枝时对各骨干枝的延长枝在中部饱满芽处修剪，以促生强壮旺头；或者为了培养紧凑型枝组，对延长头进行适度短截，以扩大枝组范围。其他时间一般对枝头都不再进行短截，而是任其缓势成花，以果实生长抑制树体营养生长势，以便达到缓慢扩大树冠的目的。在盛果期，对各类枝组上的枝条也要少截，多留枝芽，多长叶片，少结果，以复壮枝组势力，增加枝果比例和叶果比例，生产高质量优质商品果。否则，连年重截，会极度削弱枝组势力，不利于生产优质果（图 5-39）。

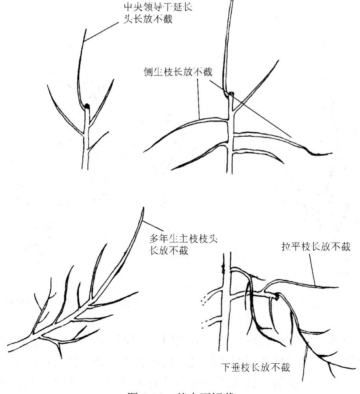

图 5-39　基本不短截

（二）提倡不回缩

　　除特殊需要外，一般不回缩。传统剪法如落头、换头、抬高枝头、转变枝向等都通过回缩实现。盛果期大量回缩会在骨干枝上留下木桩和树橛子，引起局部冒条，树冠郁闭，导致树体虚旺，各种病虫害容易侵染。修剪时，还要逐步清理这些木桩和树橛子，理顺枝条，用新枝组替代，费时费工。因此，简化修剪法提倡基本不回缩，而是直接疏除[图5-40（a）]。

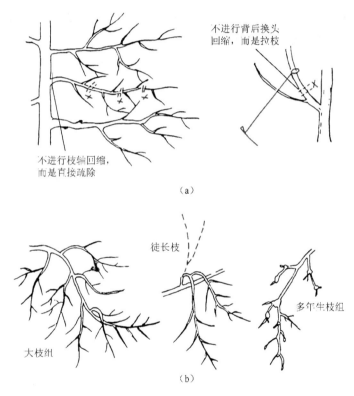

图 5-40　不进行回缩，而是长放

（a）不回缩；（b）长放

（三）提倡采用长放

　　长放是缓势增枝、成花的重要措施。简化修剪法主张连放3~4年，甚至6~7年，有利于形成单轴细长和松散下垂枝组，对'红富士'苹果树更有效。下垂枝组可长达 1m 以上，形成珠帘式结果，所结果型端正、大小均匀，树上冒条少，树势中庸，枝条健壮[图 5-40（b）]。

（四）提倡采用疏枝法

疏枝法是简化修剪的基本手法，疏除无用枝，保持枝间距，疏密留稀、去弱留强、去虚旺留中庸，建立平衡、和谐的枝间关系。这样可有效促进有用枝健康生长，维持健壮的树势，有利于生产优质苹果，并达到稳产的目的。具体疏枝方法如下。

基部主枝上的低位大侧枝往往影响田间操作，并且由于处于低位而使光照不足，果品质量不高，应该疏除[图 5-41（a）]。

疏除多头领导枝及竞争枝，以削弱领导头，减少外围枝遮阴，改善内膛光照。疏除掐脖枝、三叉枝[图 5-41（b）]、轮生枝[图 5-41（c）]，以解决果园郁闭严重的问题，提高通风透光。

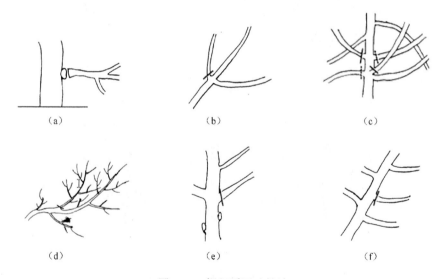

（a）　　　　　　　　　　　　（b）　　　　　　　　　　　　（c）

（d）　　　　　　　　　　　　（e）　　　　　　　　　　　　（f）

图 5-41　提倡采用疏枝法

（a）疏除低位枝；（b）疏除三叉枝；（c）疏除轮生枝；（d）疏除双头枝；（e）疏除枝间距小于 50cm 的重叠枝；（f）疏除排骨枝

有些侧枝由于控制不力，与主枝势力、枝量、角度接近，形成双头枝，不利于两枝间的发育，也影响冠内通风透光，要逐年疏除[图 5-41（d）]。有时候在一个节上或点上，会生出两个枝条，这种"双生枝"一般应该在早期就疏除一个，只留一个。对那些已经存在多年的双生粗大枝，应该将其中方位不好、结果枝组少、花芽少的一个大枝疏除，以免相互影响枝组形成和周围其他枝组的伸展。

疏排骨枝、并生枝、间距小于50cm的重叠枝[图 5-41（e）和（f）]，拉开枝间距。

一般骨干枝的间距应该在 1m 以上，大型枝组的间距在 60cm 左右，中型枝组的间距在 40cm 左右，小型枝组的间距在 20cm 左右，处于这些枝组中间的枝条一概疏除，以留有足够的光照空间（图 5-42）。

疏除背上"树上树"。由于忽视对骨干枝背上强枝的控制，几年后，其长成"树上树"，这对其母枝，特别是前段会产生强烈的抑制作用，应该及时疏除（图 5-43）。

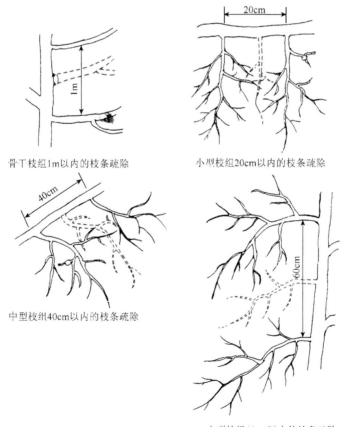

骨干枝组1m以内的枝条疏除

小型枝组20cm以内的枝条疏除

中型枝组40cm以内的枝条疏除

大型枝组60cm以内的枝条疏除

图 5-42　疏除各枝组间枝条

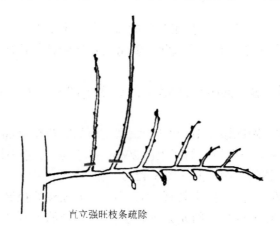

直立强旺枝条疏除

图 5-43　疏除骨干枝背上强旺枝

疏除盘龙枝。在有的骨干枝上，旺枝会缠绕其上，经过多年的生长，旺枝与主干、主枝生长在一起，应该打开盘龙枝，并将其疏除。

疏除背上扭梢的肘形枝。这些枝结果小，影响光照，应该逐年疏除。

疏除骨干枝背上的"躺卧枝"。卧枝顺着骨干枝平行躺在上面，虽能防止骨干枝日灼，但也会造成遮阴严重，导致果型和外观不佳，应该及时疏除。

疏除背下多年遮阴枝。骨干枝早期外侧的下垂枝可增加结果部位，辅养树体，但在后期会因遮阴严重，结不出好果，应该逐年疏除，让两侧枝组充分占领空间。

疏剪骨干枝头的大枝组，使延长枝头得以保持单轴延伸状态，使阳光得以射入树冠。疏除大枝时要选用锋利的剪锯，以形成平滑的伤口，这有利于伤口的愈合，减少病原菌，特别是腐烂病的发生。

（五）提倡用角度改变生长势

幼树期各大主枝、主枝上骨干结果枝、侧生分枝在冬季均要拉枝到位，这对实现早产、丰产，培养理想树形意义重大。生长期对于辅养枝及各类大小结果枝组如水平枝、斜生枝和直立枝均要求拉至水平或者水平以下，呈下垂状态最佳，这样有利于稳定树势，增加结果枝组，保证果型端正。而对于夏季生长的竞争枝和徒长枝，要采取扭梢和捋枝的办法改变其生长方向。一般来讲，在一棵树上，越往上部，拉枝角度越大。对于特定的枝条，生长势越旺，拉枝角度越大（图 5-44）。

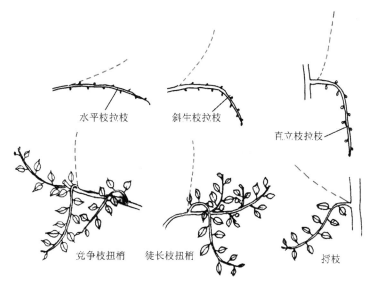

图 5-44 用角度改变生长势

（六）不再主张齐花剪

对于串花枝，过去习惯剪法是剪去一部分花芽，留下一部分花芽，以增加坐果率和提高果品质量。但这样剪会明显缩短枝轴，不利于下垂结果，而且大大减少了预备枝的数量，结果枝本身叶片难以满足生长优质果品的要求，也影响第二年花芽形成，很容易导致大小年现象出现。如果不搞齐花剪，采用春季疏花技术，任其自然长放，多留预备枝，这样有利于增加枝果比例和叶果比例[图 5-45（a）]。图 5-45（b）所示的枝果比可达 6：1，叶果比可达 70：1，这有利于生长优质果品，更有利于第二年成花。但需要注意的是不搞齐花剪必须配合严格的疏花疏果技术，否则结一串果，树体负载量过大，也不利于优质稳产。

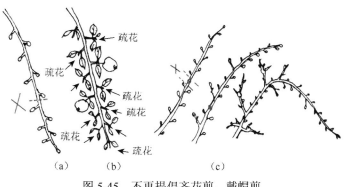

图 5-45 不再提倡齐花剪、戴帽剪

（a）不齐花剪；（b）疏花；（c）不戴帽剪

（七）不再主张戴帽修剪

在春秋梢交界处或年痕处修剪，称为"戴帽"。在交界处之上留几个瘪芽修剪称为戴活帽。戴活帽可以刺激瘪芽长出几个中庸结果枝，但在秋季戴活帽可能形成花芽。在交界处修剪，促使剪口下或春梢中部多发几个中短花芽，称为戴死帽。"戴帽"修剪会使枝轴回缩，不利于下垂结果，不能形成单轴细长型枝组。因此提倡不再戴帽修剪，而是任枝条自由延伸，以利于形成下垂结果枝组[图 5-45（c）]。

（八）谨慎使用环剥、环切技术

如果管理不善，'富士'苹果树很容易出现大小年现象。特别是在初果期，为了早结果，常常对主干甚至各结果枝组进行环切和环剥。许多果园在盛果期还大量应用环剥、环切技术。不顾树势的环剥和环切，阻断了光合产物向根部输送。如果根部缺乏光合产物补给超过 40d，吸收根系和过渡根系就很容易丧失吸收矿物质的功能。这就会导致树体矿物质供应不足，树叶表现出"黄、小、卷、缩"，果实表现出各种缺素症状，特别是缺钙、缺硼症状更容易显现。由于树体受伤，树势衰弱，各种病原菌也容易侵染，如烂根病、干腐病和轮纹病等。特别是近几年渭北苹果产区树干腐烂病普遍发生成灾，就与该技术的滥用有很大的关系。

第六章　品质提高：果实套袋与增色技术

果实套袋技术是利用特制口袋保护果实的果实管理技术，在幼果期将果实套入特制的纸袋或塑膜袋内，可对果实进行较长时间的保护。果实色泽是外观品质的一个重要指标。对一些着色较差的品种，可选用着色技术提高全红果率。运用果实套袋和果实增色技术，大大提高了苹果的外观品质和经济效益。

第一节　果实套袋技术

一、果实套袋的作用

（一）增进果面着色

近年大量试验和生产实践均一致证明，'红富士''红将军'等红色品种的果实套袋后，果面鲜红、艳丽、着色均匀，着色面达到85%～100%，可完全达到高档果标准。

（二）提高果面光洁度

由于果袋的保护，果点少而小、颜色浅、果锈轻并且裂果少，果实商品性明显提高。据试验，'红富士'苹果套袋后，梗锈超果肩者仅占2.1%，对照则为41.3%，果点破裂率套袋果为0，对照则为40.5%。

（三）降低病虫果率

由于套袋的阻隔和保护，一些外部病虫害难以入袋侵害果实。据冯建国等的研究，套袋苹果出现虫果率比对照降低98.7%。另据陈修会等的报道，套袋可避免"桃小""梨小"等钻蛀性害虫和苹小卷叶蛾等啃食类害虫为害，对刺蛾类害虫也有相当防效。套袋苹果出现轮纹烂果病病果率多在0.5%～2.5%，而未套袋多为20%～50%，套袋提高了好果率。

（四）减少农药残留

此项技术对生产无公害苹果至关重要。套袋后，不但能减少打药次数和用药量（在山东一些果区，少打 3～4 次药，且不用防食心虫），而且避免或减少了果面与农药接触的机会，因而，农药残留大大减少。据高华君报道，套袋'红富士'苹果水胺硫磷残留量仅为不套袋苹果的 18.2%。据冯明祥等的报道，苹果树喷药 1～7d，套袋果中 50%甲基 1605 和 50%甲胺磷的含量分别比不套袋果中减少 65.0%～68.8%和 45.0%～73.0%。另据李玲等的测定，'金冠'套袋果中，甲基对硫磷含量比不套袋果中残留降低百分数为：果皮 39.87%、果肉 56.44%、果心 78.89%；水胺硫磷相应降低 81.96%、84.15%和 84.84%。

（五）提高果实贮藏性

据秦安富等的报告，套袋果的硬度要比不套袋的高，同时，由于套袋果皮孔稀少、角质层分布均匀，使其不易失水皱皮，贮存期病害轻，可延长贮存期 1～2 个月。

（六）商品果率高

未套袋果园，优质果率为 30%左右，而套袋果可达 50%以上，市场需要量大，供不应求。

（七）经济效益高

套袋之所以能蓬勃发展起来，主要原因是其经济效益好，就当前价格一再疲软的情况下，成功套个双层优质纸袋，可增值 0.3～0.5 元。根据近几年山东苹果主产区的价格，套袋'红富士'比不套袋'红富士'平均每千克高 1 元左右，经济效益明显。

二、套袋园的选择

生产实践证明，果实套袋只是提高果品质量的综合技术措施的组成部分，也就是说，要进行果实套袋必须有与之相适应的配套技术和条件，否则，即便套上袋也达不到理想的经济效果，甚至适得其反，导致成本增加，影响质量。因此，在生产中正确选择园片，抓好套袋果园基本条件的落实至关重要，直接决定套袋的成败。套袋苹果园应具备的最基本条件是管理水平较高，能生产出优质果品。优质果品是指'红富士''红将军'等大型果品种，80%以上的果实单果重达到250g以上（或果实横径80mm以上），集中着色面在75%以上，色泽鲜艳，果面光洁细嫩，无果锈，无污斑，具有本品种特征，内在品质好。具体讲，套袋苹果园应具备的条件主要有以下两个方面。

（一）土壤条件

土壤要比较肥沃，有较好的保肥蓄水能力，不严重缺乏微量元素。砂土地和山顶瘠薄地果园的保水能力差，日烧病发生较重。由片麻岩、母质形成的轻壤土果园的硼、钙等微量元素缺乏，尤其干旱年份缺乏更严重，会加重苦痘病、缩果病和日烧病等生理病害的发生。以上这两种土壤的果园一般不要套袋。果园应有较好的灌溉条件。例如，果套袋和除袋这两个关键时期天气干旱，果园能浇上水，保证一定的土壤湿度，以减轻或避免日烧病的发生。同时，套袋果园还应有较好的排水能力，如涝洼地果园，若遇到多雨年份，园内纸袋内温度长期较高，套袋果极易产生大面积果锈。

（二）果树条件

要求果树树势较强，整齐度高，枝量适中，光照良好。树势强，则着色好，个头大，套袋成功率高；树势过弱，则果实小，果形扁，虽然在不套袋时表现着色良好，但套袋后着色差，同时由于叶片少，日烧病发生严重。剪后每亩枝量应在8万～10万条，生产季树冠透光率要达到25%～35%。若枝量过大，光照不良，则内膛果实着色不良。枝量过大的另一个显著缺点是，园内湿度大，纸袋被雨水或露水淋湿后长期不干，诱发果面产生大面积果锈，降低了套袋果的商品价值。

另外，应用生长调节剂多效唑（包括结果宝）过量的果树所结果实的外观和内在品质均变低劣，着色面积小、色泽不鲜艳。这样的果树不能套袋，至少要等到施用后的第三年之后才能进行套袋。

三、典型果实套袋技术

对果实进行套袋可使果实在袋中发育，并受到较好的保护（图6-1）。果实快成熟时，去掉果袋，可使果面在短期内迅速着色，并保持洁净细腻。因果实在生长期被保护，减少了喷药次数，所以大大提高了优质果的出产率和经济效益（图6-2）。

图6-1　苹果套袋状

图6-2　套袋'红富士'

所用果袋的质量高低，是决定套袋成功与否的关键，也是决定果实套袋经济效益的一个重要因素。实行果实套袋，要选择标准合格、质量上乘的果袋。

（一）苹果专用果袋的构造

苹果专用袋是由袋口、袋切口、捆扎丝、袋体、袋底、除袋切线和通气放水孔等部分组成，如图6-3所示。袋口的作用是套袋时由此处把果实套入袋内；袋切口的作用是套袋时便于撑开袋口，也可把果柄固定在此处，以便果实位于袋体中央，防止果实与袋壁接触引起日烧、水锈等；袋口一端的细铁丝（捆扎丝）是用来捆扎袋口的；除袋切线的作用是除袋时可经此处撕开纸袋，可以大大提高除袋率；通气放水孔的作用是使袋内空气与外界流通，防止袋内温度过高、湿度过大，套袋操作不严格或降水过多，袋内灌入雨水时可经此处流出，以免使果实浸泡在水中引起腐烂。

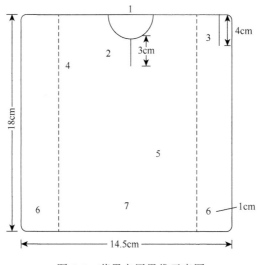

图 6-3　苹果专用果袋示意图

1. 袋口；2. 袋切口；3. 捆扎丝；4. 除袋切线；5. 袋体；6. 通气放水孔；7. 袋底

在进行苹果套袋时，应根据不同的果树品种、不同的地区和不同的套袋目的，选用不同的纸张及适宜的纸袋种类，使果袋具有适宜的透光率和透光光谱范围。还应对果袋喷布杀虫杀菌剂，使之套上果实后在一定的温度下，其内产生短期雾化作用，阻止害虫入袋或杀死袋内的病菌和害虫。

（二）果袋的种类及其选择

1. 果袋的种类　　果袋的种类很多。按袋体的层数分，有单层袋、双层袋和三层袋；按照果袋的大小分，有大袋和小袋；按捆扎丝的位置分，有横丝袋和纵丝袋；按照涂布药剂的种类分，有防虫袋、杀菌袋和防虫杀菌袋；按照袋口形状分，有平口袋、凹形口袋和"V"字形口袋等；按照袋体原料分，有纸袋和塑膜袋。三层袋对果实的着色及光洁度等效果更佳，但成本更高。塑膜袋价格低廉，一般用于综合管理水平低及非优生区的地方。我国苹果套袋栽培中，所用纸袋多为双层袋和单层袋两种类型。三层袋套袋效果更佳，但成本高，当前我国极少应用。

果实套袋可以有效地防病、防虫。套袋果果皮光洁，果色艳丽，无农药残留。但果实套袋成本较高，费工费时，且选用纸袋不当时，可造成果实日烧病、褐斑病、苦痘病。因此各地应根据当地的实际情况应用。有出口任务，具有生产高品质果品能力的果园，对'富士'最好套专用的双层果袋，不可采用自制袋或其他质量不过关的袋。

（1）专用的双层果袋　果袋的规格为 18.5cm×14cm，外层袋外表为灰、绿等颜色，内层袋为红色的蜡纸袋。袋的一边附有一段细铁丝。套袋时，把果实套入袋内，露出果梗，用手把袋口捏紧，用袋口上自带的铅（铁）丝夹紧卡住。

（2）普通纸袋　规格为 13.5cm×13cm，可分为市售成品袋、半成品袋或自制的报纸袋。套袋时，将果实从袋的一角装入，从装果孔平行的另一角向下斜折果袋，使果柄紧靠果孔内侧，用曲别针顺果柄将袋夹住（切忌将果柄夹在曲别针中），或用小订书机将袋口订紧。

果实套袋时间以谢花后 10～20d 最好，个别生理落果较重的品种可在 6 月上中旬生理落果后进行。套袋前，先要进行疏果定果留单果，并对全树喷布一遍 600～800 倍的 50%多菌灵可湿性粉剂，然后套袋。

（3）塑料薄膜袋　一般为聚乙烯薄膜袋，长 18cm、宽 15.5cm、厚 0.005cm。袋下两角各留 1 个约 0.5cm 的通气放水孔。袋色为透明。套袋时间一般为 6 月上旬至 7 月上中旬。套袋时先用嘴巴将袋吹鼓，然后将果实套入中央，袋口紧贴果台，最后用 4cm 长的 24 号铁丝绕果柄一周轻捏一下即可。果实成熟时不需要除袋，可连袋一起采收、贮运。

2. 果袋种类的选择　在生产实践中，应根据当地果园的环境条件、栽培品种和生产目标等，选择既经济又实用的果袋。

1）渤海湾果区，红色品种宜选双层纸袋；西北黄土高原果区，可选单层或双层纸袋，或塑膜袋；黄河故道果区，宜选排水透气好的纸袋，或多微孔塑膜袋。

2）在品种上，'金冠''王林'等黄色或绿色品种，可选用石蜡单层纸袋或原色单层袋，以降低生产成本；如'新红星''新乔纳金''红津轻'等红色品种可选用遮光单层纸袋；较难着色的富士系红色品种，要想生产出高质量的果品，就必须套质量合格的双层遮光纸袋。

3）以生产高档出口苹果为目的的，最好选用质量高的双层纸袋，如小林袋和佳田袋；以生产内销优质果为主的，宜用质量可靠的双层袋，如天津现代袋、青岛青和袋等。

4）为了防止果锈，提高果面光洁度，可选用成本较低的石蜡单层袋或木浆原色纸袋。在全套袋果园中，宜配合塑膜果袋。

果袋袋型的选择见表 6-1。

表6-1　果袋袋型的选择

苹果种类	品种	套袋目的	推荐袋型
黄绿色品种	金冠、金矮生、王林	预防果锈	石蜡单层袋、原色单层袋
易着色的红色中熟、中晚熟品种	新红星、新乔纳金、红津轻	果实全红	遮光单层纸袋
难着色的红色品种	富士系	着色面大、均匀、鲜艳	双层遮光袋

（三）套袋前对果树喷药

套袋前1～2d，对全园必须喷一次杀虫杀菌剂（图6-4），以保证不将病菌和害虫套在袋内。常用的杀菌剂可选择50%多菌灵可湿性粉剂600倍液、70%甲基托布津可湿性粉剂800倍液；常用的杀虫剂可选择48%乐斯本乳油1000～2000倍液、25%灭幼脲3号胶悬剂1000～1500倍液；有康氏粉蚧危害的果园，喷药时应加上25%螨蚧克1500倍液，以防止康氏粉蚧钻入袋内危害。果实套袋后易出现苦痘病和痘斑病等缺钙病状，应预先进行补钙处理，于落花后和套袋前喷施2～3次300倍的氨基酸钙、腐殖酸钙或0.3%的硝酸钙溶液。喷药时，喷头应距果面50cm以上，不能过近，以免因冲击过大而形成果锈。为了避免污染果面和形成果锈，在幼果期禁用铜制剂（如波尔多液）等。近年来，有的套袋果萼洼处出现水纹状粗皮，多是由于幼果期喷布锰锌类杀菌剂所造成的锰过剩，应引起广大果农的注意。

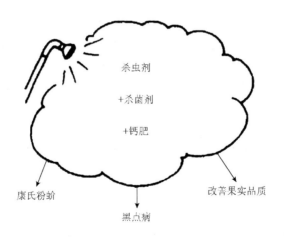

图6-4　套袋前普遍喷一次药剂

（四）套袋时间与套袋方法

1. **套袋时间**　　套袋的适宜时期确定之后，还应掌握一天中套袋的具体适宜时间。一般情况下，自早晨露水干后到傍晚都可进行。但在天气晴朗、温度较高和太阳光较强的情况下，以上午 8 时 30 分至 11 时 30 分和下午 2 时 30 分至 5 时 30 分为宜。

2. **套袋方法**　　套袋时，先小心地除去附在幼果上的花瓣及其他杂物，然后左手托住纸袋，右手撑开袋口，或用嘴吹开袋口，使袋体膨胀，袋底两角的通气放水孔张开。手执袋口下 2～3cm 处，使袋口向上或向下，将果实套入袋内。套入后使果柄置于袋口中央纵向切口基部，然后将袋口两侧按折扇方式折叠于切口处，将捆扎丝反转 90°，扎紧袋口于折叠处，使幼果处于袋体中央，并在袋内悬空，不紧贴果袋，防止纸袋摩擦果面，避免果皮烧伤和椿象叮害等。

为了降低果园管理成本，减少喷药次数，可在果园实施全套袋技术（全园全套）。对剩下的内膛果，可选套塑膜袋和单层纸袋，以防止病虫危害及降低农药残留。对数量不足的树体外围果及树冠西侧的果实，可选套单层遮光纸袋，以减轻或防止果实日灼。这样既可以减少用药次数，降低生产成本，又能较好地保护果实，获得较多的商品果，提高经济效益。

切记不要将捆扎丝缠在果柄上。同时，应尽量使袋底朝上，袋口朝下。

（五）去袋时间与去袋方法

1. **去袋时间**　　最好选择阴天或多云天气时去袋，要尽量避开日照强烈的晴天。若在晴天去袋，应于上午 10～12 时摘除树冠东部和北部的果袋，下午 2～4 时摘除树冠西部和南部的果袋。这样，就使果实由暗光中逐步过渡到散射光中。如果天气干旱，除袋前 3～5d 应全园浇一次透水，以预防去袋后果实发生日烧现象。当地面干后，即可入园去袋。

2. **去袋方法**　　摘除内袋为红色的双层纸袋时，应先沿除袋切线摘掉外层袋，保留内层袋（图 6-5）。

摘除双层袋时先沿除袋切线摘掉外层袋，保留内层袋，使内层袋靠果实的支撑附在果实上。一般在摘除外层袋 5～7 个晴天（阴天需扣除）后摘除内层袋，应在 10～14 时进行，而不宜选在早晨、傍晚进行。

图 6-5 摘除外袋

摘除内层为黑色的双层纸袋时，要先将外袋底口撕开，取出内层（衬）黑袋，使外袋呈伞状罩于果实上（图 6-6），6～7d 后，再将外袋摘除。

图 6-6 摘除内袋（一）

摘除单层袋和内外层粘连在一起的台湾佳田纸袋时，先在上午 12 时前或下午 4 时后，将底部撕开，使果袋成一伞形罩于果实上；也可先将背光面撕破通风（图 6-7）。过 4～6d 后，将纸袋全部摘除。

图 6-7　摘除内袋（二）

需要强调的是，果袋全部摘除完后，应立即喷一次杀菌剂防治轮纹病和炭疽病等；同时混喷钙肥。

四、苹果套袋应注意的几个问题

苹果套袋应注意以下几个问题。

1）套袋时用力方向要始终向上，以免拉掉果子。用力宜轻，尽量不触碰幼果，袋口不要扎成喇叭口形状，以防雨水灌入袋内。袋口要扎紧，防止害虫爬入袋内或纸袋被风吹掉。

2）在同一株树上，套袋要按照先上部后下部，先内膛后外围的顺序，逐一进行。套袋时切勿将叶片或枝梢套入袋内。

3）为了降低果园管理成本，减少喷药次数，可在果园实施全套袋技术，即全园全套。全园全套的步骤是：先选择部位较好、果形端正（图 6-8）、果肩较平的下垂果及壮枝上的优质果，套双层纸袋，以生产优质全红的高档果。对剩下的内膛果，可选套塑膜袋和单层纸袋，以防止病虫为害及降低农药残留。对数量不足的树体外围果及树冠西侧的果实，可选套单层遮光纸袋，以减轻或防止果实日烧。这样既可以减少用药次数，降低生产成本，又能较好地保护果实，获得较多的商品果，提高经济效益。这种方法应在生产中大力推广。

4）雨后要及时检查。近年来，套袋果黑点病多有发生，特别在夏季多雨年份发生的更多。所以，雨后应及时开袋检查。对纸袋两角排水孔小、不易开启的，可用剪刀适当剪一下；对袋内存有积水的塑膜袋，要撑大下部的排水口排出积水；塑膜袋封口不严时，可用细漆包线再绑一下；对雨后已经破碎的劣质塑膜袋，要及时换掉。

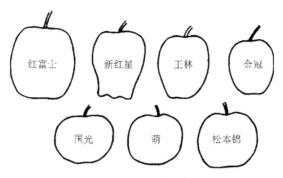

图 6-8 一些苹果品种的标准果形

第二节 果实增色技术

富士系等品种着色较差，除不断选育着色好的品系外，生产上为提高全红果率可采取以下措施：秋剪、摘叶、转果和铺反光膜。

一、秋剪

秋剪不仅能增加光照，还能提高果实的品质。树体要有一个良好的受光环境，就必须进行合理的整形修剪。而仅靠冬季一次修剪，远远不能满足果实正常生长所需光量。树冠内的相对光照量以控制在 20%～30%为宜。为了达到这个目标，就必须剪除树冠内的徒长枝、剪口枝和遮光强旺枝，疏除外围竞争枝，以及骨干枝上的直立旺枝。这样就能大大改善树冠内的光照条件。树冠下部的裙枝和长结果枝，在果实重力作用下容易压弯下垂。可以对它们采取立支柱顶枝（图 6-9）或吊枝（图 6-10）等措施，解决其受光不足的问题。

图 6-9 顶枝

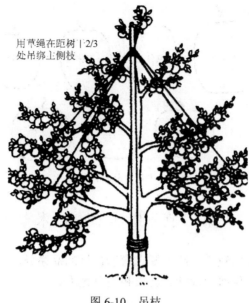

用苇绳在距树 1/2/3
处吊绑上侧枝

图 6-10　吊枝

二、摘叶

摘叶是指用剪子将影响果实受光的叶片剪除，仅留叶柄（图 6-11）。有些果实的果面由于被一些叶片遮盖不能见光而着色不良。可采用摘叶的方法提高全红果率。适当摘叶，对'红富士'苹果的可溶性固形物含量并无多大影响，但可明显提高果实的着色状况。摘叶过早，果色紫红；摘叶过量，果实变成绛红色。山东烟台对'红富士'最适摘叶期是 9 月 20 日左右。先摘除黄的、薄的和下部的小叶，再适量摘除盖住果实的叶。摘叶应在去袋后 3～5d 开始进行，在 7d 左右完成。

图 6-11　摘叶

摘叶时应注意以下几点要求。

1）要依据当地的气候特点、光照条件、树体长势和综合管理水平，适时适量地进行摘叶，不得过早，否则会降低果实产量，影响来年花芽质量和产量。

2）摘叶前必须进行秋剪。应先疏除遮光强的背上直立枝、内膛徒长枝、外围竞争枝和多头枝。

3）为了有效地增进着色，摘叶时应多摘枝条下部的衰老叶片，少摘中上部的高效功能叶片；多摘果台基部叶片，适当摘除果实附近新梢基部到中部的叶片。

4）摘叶时切记保留叶柄。

三、转果

同一果实，往往是阳面着色好而阴面着色差，为使果实阴面也能良好着色，可在果实成熟前，待阳面充分着色后，将阴面转向阳面。转果最佳时间是 9 月底到 10 月上旬。转果的目的是让果实阴面获得直射的阳光，使果面全部着色。

（一）转果的时期

在去袋后 4~8d 开始转果。转果后 15~20d，原来不着色的阴面，朝阳后也能全面着色。如果去袋后 8d 再开始转果，虽然阳面着色浓红，但阴面转向阳面后长时间也不着色，采收时阴阳面色度反差较大，果面总体色差。

（二）转果的方法

用手托住果实，轻轻地朝一个方向转动 90°~180°，将原来的阴面转向阳面，使之受光即可（图 6-12）。

（三）转果的注意事项

1）转果应顺着同一方向进行。

2）转果时切勿用力过猛，以免扭伤果柄，造成损失。

3）对于果柄短的'新红星'等元帅系短枝型品种，可分两次转果：第一次转动 90°，7~10d 后再朝同一方向转动 90°。

4）在高海拔且昼夜温差大的地区，对'红富士'

图 6-12　转果

和'乔纳金'等品种转果时，也可采用两次转果的方法，避免日灼。

实践证明，采取摘叶转果的方法，可大大提高苹果的着色状况，改善苹果的品质。

四、铺反光膜

光照是影响红色发育的重要因素，为提高树冠内光强，促进着色，可在'富士'苹果开始着色期即 9 月上旬，在树盘下或行株间铺设银色反光膜（图 6-13），利用反射光，增强树冠下层和内膛的光强，促进果实着色，提高品质。套袋栽培的苹果树下铺设反光膜，可提高全红果率。

图 6-13　铺反光膜

铺反光膜的果园必须通风透光。若地面光照不足，将会大大影响反光效果。因此，铺设反光膜的果园，首先应是综合管理水平高的果园，树形规范，枝量适中，一般每亩的枝量控制在 8 万～10 万条。对于密植郁闭型果园，在铺膜前要很好地进行秋剪，并疏除和回缩拖地裙枝。

第七章 综合防治：无公害苹果园病虫害防治技术

对苹果病虫害实施无公害化的防治，才能保证在不污染环境和不污染果品的前提下，将苹果病虫害控制在允许的经济阈值之下，提高苹果的产量和品质，实现苹果的高效生产。因此，必须搞清楚苹果生产中主要病虫害的发生规律，对其进行准确的预测预报，实施以农业防治和生物防治为基础，辅以必要的化学防治的综合防治措施。在进行化学防治时，也要尽可能地施用无公害农药，以减少对环境的污染和降低苹果中的农药残留。

第一节 主要病害及防治技术

一、真菌性病害及防治

（一）苹果腐烂病

苹果腐烂病（图7-1）是苹果最严重的病害之一。日本、朝鲜和我国苹果产区均有分布。该病除危害苹果树外，还会危害沙果、海棠和山定子等。

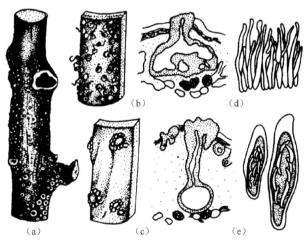

图 7-1 苹果腐烂病

（a）被害枝干；（b）丝状孢子角；（c）内子座生子囊壳；（d）孢子器、分生孢子及孢子梗；（e）子囊壳、子囊及子囊孢子

1. **症状表现**　　苹果腐烂病是由真菌引起的主要枝干病害，一年中有两个发病高峰。第一个发病高峰期在 2 月下旬至 3 月，也是全年危害最严重的时期；第二个发病高峰期在 10～11 月。腐烂病菌主要侵染结果树的枝和干的皮层，也能侵染幼树、苗木和果实，能明显削弱树势和影响产量，甚至使全树干枯死亡，其危害症状有溃疡型和枯枝型两种。

（1）溃疡型　　冬、春季树皮开始发病后，病部初期呈水渍状，稍隆起，皮层松软。后变为红褐色，并流出汁液，有酒糟味。最后病皮失水干缩下陷，成为长圆病疤，其上生出许多黑色小颗粒子座。

（2）枯枝型　　1～5 年生小枝发病，病菌菌丝迅速扩展，环缢枝条，使病枝失水干枯死亡。苹果树腐烂病在特殊条件下也能危害果实。果实受雹伤后，病菌常从伤口处侵入，引起发病。病斑近圆形或不规则形，暗褐色，发生腐烂，有酒糟味。病部常产生小黑点，潮湿时涌出孢子角。

2. **防治方法**

（1）增强树势　　深翻改土，增施有机肥和磷、钾肥。可按每生产 100kg 苹果需施氮、钾各 0.7kg，磷 0.3kg 的原则进行补充。要细致修剪，合理疏花疏果，控制结果量，避免大小年。要加强对其他病虫害的防治。

（2）喷药涂药　　6 月中下旬，新落皮层形成而尚未出现表面溃疡时，对主干和主枝涂刷腐必清原液。在晚秋、初冬或发芽前，喷洒腐必清 50～100 倍液，以消灭潜伏病菌。对剪锯口，要在修剪后及时用以下第三条防治方法中所提到的药剂进行涂抹。

（3）及时刮治　　坚持每月全园检查一次，发现病疤及时刮除（图 7-2），并用 30%腐烂敌 30 倍液、腐必清原液或 843 康复剂消毒涂抹。或在病疤上纵横划 1cm 宽道，深达木质部，然后涂"11371"发酵液、843 康复剂、腐必清原液或 S-921 的 30 倍液或绿树神医-9281 液。

（4）清除菌源　　将刮除的病皮、剪除的病枝及枯死的病树及时带出果园并烧毁。

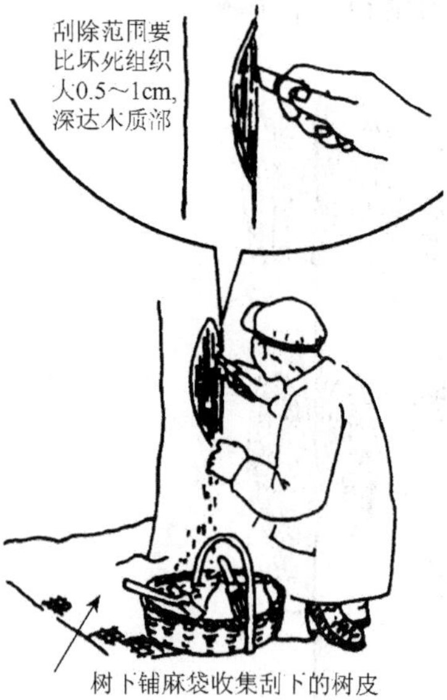

（二）苹果干腐病

苹果干腐病又称胴腐病（图 7-3），是苹果枝干的重要病害之一，全国各苹果区均有分布，苹果品种中，以'国光''青香蕉'等受害严重，'红玉''元帅''鸡冠''祝光'等受害较轻。该

刮除范围要比坏死组织大 0.5～1cm，深达木质部

树下铺麻袋收集刮下的树皮

图 7-2　刮治腐烂病疤

病的寄主范围较广，除危害苹果外，桃、杨、柳和柑橘也都可受害。

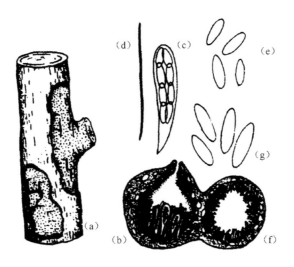

图 7-3　苹果干腐病

（a）病枝干；（b）子囊壳；（c）子囊；（d）侧丝；（e）子囊孢子；（f）分生孢子器；（g）分生孢子

1. **症状表现**　　幼树受害后，初期多在嫁接部位附近形成暗褐色至黑褐色病斑，病斑沿树干向上扩大，严重时会导致幼树干枯死亡，被害部位发生许多稍突起的黑色小粒点（分生孢子器）。大树受害后，多在枝干上散生表面湿润的不规则暗褐色病疤，并溢出浓茶色黏液。随着病势的发展，病斑不断扩大，被害部位失水，成为黑褐色。

2. **发病情况**

（1）发病特点　　病菌以菌丝体、分生孢子器及子囊壳寄生在枝干病部越冬，第二年春天产生孢子进行侵染。病菌孢子随风传播，经伤口入侵，也能从死亡的枯芽和皮孔入侵。5月中旬至10月下旬均能发生。其中以降水量少的月份、干旱年份和干旱季节发病重。

（2）发病规律

1）幼树的嫁接口附近常易感病。

2）倒春寒或冬、春干旱时发病重，失水较多的幼树在早春易暴发成灾。

3）地势低洼积水，土质瘠薄及管理粗放的小树、幼树及衰老树易发病。

4）偏施氮肥，树体生长过旺发病重。

（3）发病原因

1）该病属弱寄生菌感染所致，树体衰弱是其发病的首要条件。

2）土壤板结，土壤通透性差，造成根系生长不良，树势衰弱。

3）果园排灌系统不健全，排水不良，地势低洼，长期积涝。

4）大小年结果现象发生严重，树体年间营养变化太大。

5）肥水不足或偏施氮肥也易造成此病害的发生。

3. 防治方法

（1）加强栽培管理　　增强树势，提高树体抗病能力是防治的根本措施，具体做法同苹果腐烂病。为防止幼树发病，需加强对苗圃的管理，以培育壮苗。芽接苗要在发芽前 15～20d 剪砧，用 1%硫酸铜消毒伤口，再涂波尔多液保护。

（2）刮治病斑　　干腐病危害初期一般仅限于表层，应及时刮治病斑。刮后在病部涂菌毒清等药剂消毒。方法同苹果腐烂病。也可采用重刮皮，铲除树体所带的病菌。

（三）苹果疱性溃疡病

苹果疱性溃疡病又名发疱性胴枯病，病区俗称发疱性干腐病。1973 年首次在四川茂汶、西昌等地采到病害标本。四川省 20 多个县市均有分布，其中蓬溪、射洪等地发病较重，被害株率一般为 1%～10%，个别果园高达 50%以上。云南昆明等地也有此病发生。苹果中'金冠'（青苹）品种受害较重，其次为'丹顶'和'旭'，元帅系品种比较抗病。

1. 症状表现　　苹果疱性溃疡病主要发生在苹果树的主干和大枝上。发病部位多是衰老树的主干或枯桩的大伤口附近，也可在健全的主、侧枝或与主干相接的大枝上发病。病菌从伤口侵入，先引起木质部腐朽，继而由木质部向外扩展，侵害树皮。发病初期树皮表面出现红褐色水渍状椭圆形或卵圆形病斑，表面柔软光滑。剖开病部观察，树皮内层呈现乳黄与淡褐色交错的斑纹，病部边缘尤为明显，这是识别此病初期的主要特征。以后病部逐渐扩大，失水干缩，表面爆裂，出现许多三角形或星状小裂口，开始形成病菌的子座。初期的子座较小而分散，其后逐渐扩大成椭圆形或圆形，呈灰黑色，四周表皮翘起，中央扁平。后期子座四周表皮脱落，边缘略隆起，呈盘状，外观像纽扣。这些盘状物密集连片，暴露在树皮表面状似蜂窝。子座容易与周围的树皮剥离，天气干燥时，周围树皮断裂、脱落，但子座仍固着在木质部。子座脱落后在木质部表面留下一圈黑褐色斑痕，可保持数年不变。

横切病枝观察，可见在病枝横断面上被害木质部颜色较深，常呈扇形，水渍状，边缘不清晰。纵切面有暗褐色线纹向上下伸展。病枝的叶片变黄，逐渐枯死。

2. 发病特点　　病原菌有性阶段，属子囊菌亚门。子座在树皮内形成，成熟后突破表皮露出，单生或数个连生。单个的子座呈盘状或杯状，病部呈圆形或椭圆形，大小为(3～7)mm×(5～13)mm。边缘隆起，中部下陷，呈灰黑至黑褐色，中央密生黑色小点（子囊壳）。子囊壳呈长卵圆形至圆筒形，有长颈，孔口外露呈疣状。子囊壳极薄，为黄褐色，后期与子座分离成袋状，悬于子座腔中。子囊呈圆筒形，顶部钝圆，壁较厚，含淀粉质粒，基部较细，有短柄，无色透明，大小为$(105\sim165)\mu m\times(12.5\sim17.5)\mu m$，内含 8 个子囊孢子，单行排列。子囊孢子单胞，幼嫩时椭圆形，无色，成熟后呈球形，暗褐色至黑色（图7-4）。子囊成熟后子囊壁多消解，只见成熟的暗色子囊孢子。侧丝线状，无色，不分隔。分生孢子层在子座表层之下形成，以后外露。

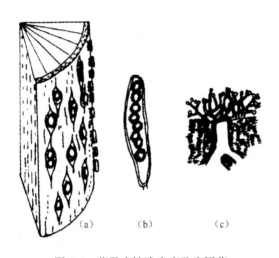

图 7-4　苹果疱性溃疡病及病原菌
（a）盘形黑色子座从树皮的裂口露出；（b）病菌的子囊和子囊孢子；（c）病菌的分生孢子梗和分生孢子

3. 发病规律　　子囊孢子和分生孢子都能侵染，但分生孢子寿命短，可能在侵染中所起作用很小。子囊孢子可生存 3 年，在侵染中起主要作用。病菌一般从暴露出心材的伤口侵入。3 年以下枝条的木质部不适于病菌侵染，病菌在比较老而干的心材中生长良好。一旦病菌侵入定居后，即由心材向外扩展，导致树皮发病。病菌生长速率与木质部的含水量有关，干旱之后病势加重。病菌在健康的树皮中活动缓慢，而在被害木质部上面的树皮中扩展迅速。

子囊孢子全年都能侵染，在川北地区一年四季均可发病。病菌的侵染多以较深的裂伤为中心，在平滑的浅层伤口上接种常不能发病。在果园中病菌侵染多发生在劈裂伤或大伤口上。

苹果不同品种的感病性有明显差异，'倭锦'品种最易感病。在川北，'金冠'发病普遍而严重。幼龄树和稳产壮树病轻。衰老树和有明显大小年结果现象的不稳产树，土壤板结致使根系生长不良的果园，修剪过重造成大伤口多的树，发病较重。疱性溃疡病除苹果外，还可为害梨树、桦树、榆树和皂角树等林木。

4. 防治方法

1）改善栽培管理技术，10 年生以下的幼树很少发病。因此，树体整形宜早，避免在树冠长大后，大拉大砍造成大伤口。

2）注意改进修剪方式，增施农家肥，增强树势，促进伤口及早愈合，防止造成劈裂伤。

3）发现树皮发病时，应在树皮发病部位以下相当距离处，把木质部已经变色的部分彻底锯掉。

4）及时做好伤口的消毒保护工作，以预防病菌侵染。发病初期及时防治。使用的伤口保护剂以 50%甲基硫菌灵 100 倍液加适量 2, 4-D 效果较好。

5）如果病菌已侵入主干，或全园发病已相当严重，则应注意刮除病皮，及时挖除重病树，防止产生孢子传播蔓延。

（四）苹果枝溃疡病

苹果枝溃疡病又叫芽腐病。在陕西关中、山西南部、河南、河北、江苏北部的果区均有分布。

1. 症状表现　　发病严重的果园，枝条枯死。病菌危害枝干，大小枝均可发病，产生溃疡病疤。初期病部出现红褐色圆形小斑。随后逐渐扩大为梭形病斑，中部凹陷，四周及中央发生裂缝并翘起。遇潮湿时裂缝四周长出粉白色霉状物和腐生菌的粉状或黑色颗粒（图 7-5）。

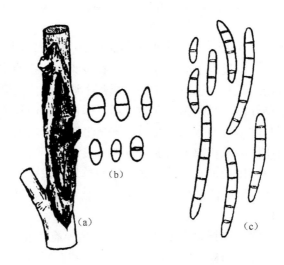

图 7-5　苹果枝溃疡病

（a）病枝；（b）小型分生孢子；（c）大型分生孢子

　　2. 发病特点　　病菌以菌丝寄生在病组织中越冬，翌年春季及整个生长季节均可产生分生孢子。分生孢子有大孢子和小孢子两种。两者均长在分枝的分生孢子梗上。大孢子呈圆筒形，两端稍尖，无色，有3～5个隔膜；小孢子呈卵圆形或椭圆形，单胞无色。子座呈白色，子囊壳呈鲜红色，子座为球形或卵形。子囊为圆筒形或棍棒形，子囊孢子双胞，无色，长椭圆形。

　　果园低湿，土壤黏重，排水不良，也有利于发病。因施氮肥过多而长势过旺的大树，也较易感病。在苹果树各品种中，以'大国光''国光'及'金冠'最易感病，其次是'祝光''倭锦''柳玉''印度'较易感病，发病较轻的品种有'红玉''青香蕉''元帅''红星''鸡冠'等。

　　3. 防治方法　　加强栽培管理，合理施肥，防止偏施氮肥，及时排灌，使果树生长健壮，提高抗病能力。合理修剪，及时防治病虫害，积极防冻，尽量减少枝条伤口。对已发病的果园，应结合修剪彻底剪除患病细枝。较粗枝干不宜剪除或暂时不适合剪除时，应进行刮除治疗，并涂药保护，具体方法同苹果腐烂病。

（五）苹果早期落叶病

　　苹果早期落叶病是一类真菌病害。苹果早期落叶病包括褐斑病、灰斑病、轮斑病和斑点落叶病（图7-6）。它们的病原和症状各有所不同，但在西北地区的苹果产区，目前危害最大的是褐斑病。下面以褐斑病为例，阐述其发生规律及防治方法。

图7-6　苹果早期落叶病

（a）苹果褐斑病：1. 病叶上针芒状和轮纹状病斑；2. 病果；3. 分生孢子盘；4. 分生孢子。（b）苹果轮斑病：
5. 病叶；6. 分生孢子梗及分生孢子

　　1. 发病特点　　褐斑病以菌丝或菌索寄生在病叶中越冬，也能在病叶上的子囊盘、拟子囊盘中越冬。孢子靠气流传播。在 23℃以上温度和 100%相对湿度下，孢子即可萌发，从叶背入侵，经 3～14d 潜育期后发病。从发病到落叶，一般需 13～55d。苹果树幼叶受侵染后，迅速出现枯斑，病部不再扩大，但不存在免疫性。不同苹果品种间对褐斑病的抗性有明显差异，'金冠''红玉''元帅'品种最易感病，'国光'和'祝光'品种的易感性较轻。幼树发病轻，结果树发病重；树冠内膛比外围发病重。

2. 防治方法

（1）清扫落叶　　秋、冬季彻底清扫落叶，并清除树上干叶，用于集中沤肥或将其烧毁，以减少菌源（图 7-7）。

将树叶、烂果埋入30～50cm土中

图 7-7　清扫落叶防病

（2）加强管理　　增施肥料，合理修剪，做好低洼地排水工作，加强其他病虫害的防治，提高树体的抗病性。

（3）喷药保护　　在陕西省关中地区，于 5 月上中旬、6 月上中旬和 7 月中下旬喷三次药；在渭北和其他海拔较高地区，可推后 10～15d 喷药。可供选用的有效药剂有波尔多液（1∶2∶200）、70%甲基托布津 800～1000 倍液和 50%多菌灵 1000 倍液。为了避免幼果锈斑的产生，局部果园还可用锌铜波尔多液代替上述波尔多液。

对于斑点落叶病，可于发病前或发病初期，交替喷用 10%多抗霉素可湿性粉剂 1000～1500 倍液或 50%扑海因可湿性粉剂 1000～1500 倍液进行防治。

（六）苹果白粉病

苹果白粉病（图 7-8）在我国北方各省都有分布。该病除危害苹果外，还危害沙果、海棠、槟子和山定子等。苗木染病后，顶端叶片和幼苗嫩茎发生灰白斑块，覆盖白粉。发病严重时，病斑遍及全叶，叶片枯萎。新梢顶端受害后，展叶迟缓，叶片细长，呈紫红色。顶端弯曲，发育停滞。大树染病后，病芽春季萌发晚，抽出的新梢和嫩叶覆盖有白粉。病梢节间缩短，叶片狭长，叶缘向上，质硬而脆，渐变为褐色，多不能再抽出二次枝。受害严重的树，其花器和幼果均表现出症状。

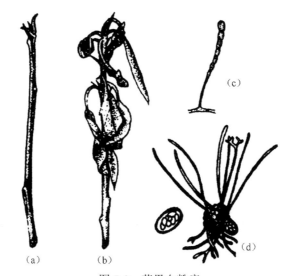

图 7-8 苹果白粉病

（a）被害梢；（b）被害叶；（c）分生孢子梗和分生孢子；（d）子囊壳和子囊

1. 发病特点 该病以菌丝潜伏在冬芽的鳞片内过冬。春季果树萌发期，菌丝开始活动，很快产生分生孢子进行侵染。分生孢子经气流传播，21～25℃的温度和 70%以上的相对湿度有利于孢子的发生和传播。夏季冷凉、降雨多、湿度大时，发病严重。5～6 月为侵染盛期，新梢陆续停止生长，正是分生孢子大量形成并传播的时机。植株过密，土壤黏重，肥料不足，尤其钾肥不足，管理粗放，均有利于发病。'倭锦''红玉''祝光'品种最易感染此病，'国光'品种次之，'金冠'和'元帅'品种对此病感染较轻。

2. 防治方法

（1）清除菌源 结合冬季修剪，剪除病芽病梢。早春开花前，及时摘除病芽病叶（图 7-9），控制菌源，减少危害。

图 7-9　及时剪除病梢

（2）药剂防治　　在感病品种树上，于苹果嫩芽将要展开时，喷布 45%硫悬浮剂 200 倍液或 15%三唑酮 1000～1500 倍液。在落花 70%左右时及落花 10d 后，各喷一次药。常选用的药剂为 0.3～0.5°Bé 石硫合剂、70%甲基托布津 1000 倍液、50%多菌灵 1000 倍液或 15%三唑酮 1500 倍液。

（3）采取栽培措施　　增施磷肥、钾肥，种植抗病品种。

（七）苹果炭疽病

苹果炭疽病又名苦腐病、晚腐病（图 7-10），是苹果生长和贮藏期间发生的主要真菌病害。此病在我国大部分苹果产区均有发生，造成的损失很大，尤其是夏季高温、多雨地区，发病十分严重，感病品种病果率可达 30%～70%。苹果炭疽病除危害苹果外，还能危害葡萄、梨、樱桃、核桃和刺槐等。

图 7-10　苹果炭疽病

（a）病果；（b）分生孢子盘；（c）分生孢子

1. **症状表现**　　主要危害果实。发病初期，果面出现淡褐色水浸状圆形小斑点，然后迅速扩大成深褐色病斑，病斑表面凹陷，病组织呈漏斗状向内扩展，腐烂果肉剖面呈圆锥状。果肉变褐色，有轻微苦味。当病斑直径达 1～2cm 时，病斑表面从中心开始向外生成黑色小粒点，呈同心轮纹状排列。在雨后或天气潮湿时，小黑点处突破表皮涌出绯红色黏稠液滴，此即病菌的分生孢子盘。严重感病时，数个病斑相连，致使全果腐烂，最后失水干缩成黑色僵果。

2. **发病特点**　　高温、高湿是此病流行的主要条件。南方地区从 4 月底到 5 月初，北方地区从 5 月底至 6 月初，进入该病侵染盛期。病菌具有潜伏侵染特性。在苹果栽培品种中，以'红魁''红玉''旭''倭锦'等对该病抗病性差。较抗该病的有'醇露''秋金星''瑞光'等品种。

3. **防治方法**

（1）清除菌源　　防治苹果炭疽病应于休眠期结合修剪彻底剪除病树上的僵果、干枯枝及病虫枝、死果台，连同落地的僵果一起清理出园烧掉或深埋。生长期要及时摘除初期病果，防止扩展蔓延。发芽前喷洒铲除剂，消灭枝条上越冬菌。结合冬季修剪，剪除干枯枝、病虫枝和僵果等，及时烧毁。

（2）加强栽培管理　　加强栽培管理，增施有机肥，改善通风透光条件，降低果园湿度；及时中耕除草，合理施肥；改善排灌设施，避免雨后积水；在果园附近不栽培刺槐，减少传染源。

（3）生长季节喷药保护　　一般谢花后 2～3 周开始，以后每隔半月喷一次杀菌剂。苹果树落花后，每隔半个月喷一次 50%退菌特 800 倍液+0.03%皮胶的混合药液，或 1：2.5：（200～240）倍波尔多液、50%甲基托布津 800 倍液、50%多菌灵、80%大富丹、4%农抗 120 的 600 倍液或 80%炭疽福美 800 倍液等杀灭病菌，保护树体。

（八）苹果轮纹病

苹果轮纹病也称粗皮病、瘤皮病（图 7-11），是我国苹果和梨区的主要病害，在各苹果产区均有发生。

1. **症状表现**　　该病主要危害枝干树皮和果实，也可侵害叶片。枝干树皮发病，多以皮孔为中心，形成暗褐色、水渍状小病斑，以后扩大成近圆形或椭圆形褐色疣状突起，质地坚硬，直径为 3～20mm。第二年病疣中间产生黑色小粒点（分生孢子器），病斑与健部裂缝加深，病组织翘起如马鞍状脱落。严重时，许多病斑连在一起，使树皮显得十分粗糙，故有"粗皮病"之称。病斑还可侵入皮层内部，削弱树势，甚至使枝干枯死。果实多在近成熟期和贮藏期发病。以皮孔为中心，

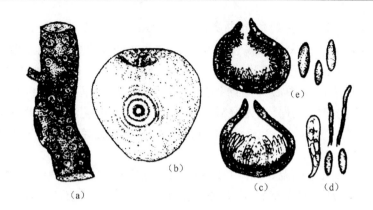

图 7-11　苹果轮纹病

（a）病枝干；（b）病果；（c）子囊壳；（d）子囊及子囊孢子；（e）分生孢子器及分生孢子

生成水渍状褐色小斑点，很快成同心轮纹状，向四周扩大，出现黄褐色软腐，并有茶褐色黏液流出。

2. 发病特点　　病菌以菌丝体、分生孢子器及子囊壳，在病枝、病果和病叶上越冬。4～6 月形成分生孢子，为初侵染源。6～8 月为孢子散发盛期。病菌孢子通过风雨飞溅传播，着落在树皮和果面上萌发，由皮孔入侵。在新梢部位，一般从 8 月开始以皮孔为中心出现病斑。幼果受侵染后，并不立即发病。当果实近成熟时，潜伏菌丝迅速蔓延扩展，果实才开始发病（图 7-12）。

果实采收期为该病的田间发病高峰期。果实贮藏期也是该病的主要发生期。轮纹病的发生和流行，与气候、品种、栽培管理及树势关系密切。当气温达 20℃以上，连续降雨达 10mm 以上时，空气相对湿度达 90%以上，或夜间结露时间较长时，有利于发病。不同的苹果品种间，抗病性有差异。'金冠''富士''千秋''津轻''青香蕉''新乔纳金''金矮生''王林''元帅'等品种易感染此病。在土壤瘠薄、黏重、板结、有机质少和偏施氮肥的果园，该病发生严重。

3. 防治方法

（1）加强栽培管理　　加强肥水等栽培管理措施，以提高抗病能力；铲除越冬菌源，在果树发芽前刮除枝干上的轮纹病瘤和粗皮，剪除病枯枝，发现病株要及时铲除，以防扩大蔓延。幼树整形修剪时，切忌用病区的枝干作支柱，修剪下来的病残体，及时彻底清理出园烧掉。

（2）刮除病瘤和铲除越冬菌源　　早春和生长季节（5～7 月），对病树可实行重刮皮，具体做法同苹果腐烂病重刮皮法。早春苹果树发芽前喷 5%菌毒清水剂或农抗 120 水剂 100 倍液和 1～2°Bé 石硫合剂，可铲除树体上的越冬菌源。

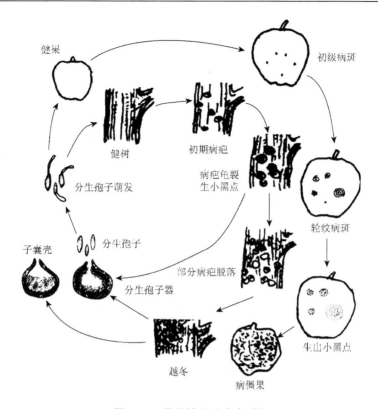

图 7-12 苹果轮纹病发生过程

（3）喷药护果 生长季节适时喷药保护果实，5～8 月每隔 15～20d 喷药一次。用药可选 50%多菌灵 600 倍液+90%疫霜霉 700 倍液，或 70%甲基硫菌灵 800倍液，50%退菌特 600～800 倍液，或 1∶(2～3)∶(200～240)倍波尔多液，或大生M-45 的 800 倍液等。果实采收后用上述药液浸果 10min，或用仲丁胺 200 倍液浸果 1min，晾干后贮藏。

（4）实行果实套袋 于花谢后疏除边果，留中心果，或第二次生理落果后进行果实套袋，可有效防治果实轮纹病。

（5）适宜冷藏 果实贮藏在 0～2℃库中，可大幅度地降低发病率，也可在采后贮前用 100 倍仲丁胺液浸果 3min，装入硅窗袋中冷藏。

（九）苹果花腐病

此病多发生于高寒地区苹果园，有些年份可造成 20%以上的减产，严重时可减产 80%。花腐病在叶、花、幼果和嫩枝上均可发生，但以危害花、果为主，展叶后 3d 就可发生叶腐。发病初期，在叶片的尖端、边缘和主脉两侧，发生赤褐色小病斑。以后逐渐扩大成放射状，沿叶脉向叶柄蔓延，直达病叶基部，病叶腐烂。当雨后空气潮湿时，病部产生大量灰白色霉状物（分生孢子）。花腐症状有两种类型：一种是花蕾刚出现时染病腐烂，病花呈黄褐色枯萎；另一种是由叶腐蔓延所引起，花丛基部及花梗腐烂，花朵枯萎下垂（图 7-13）。

图 7-13　苹果花腐病

（a）病花；（b）病叶；（c）分生孢子梗；（d）分生孢子；（e）子囊壳；（f）子囊盘纵切面；（g）子囊

1. 发病特点　　　　花腐病菌在地面病果、病叶及病枝上所形成的鼠粪状菌核中越冬。翌年春天，土壤温度达 2℃ 以上、土壤湿度达 30% 以上时，菌核产生子囊盘和子囊孢子。子囊孢子随风传播，侵入叶、花，引起叶腐和花腐。叶腐潜育期为 6～7d。病叶、病花上产生的分生孢子侵入柱头，造成果腐。果腐潜育期为 9～10d，果腐后会再引起枝腐。花腐病的发生和发展，与当地气候、地势和栽植方式等有关。在春季苹果树萌芽展叶期，多雨和低温是叶腐、花腐大发生的条件。其中雨水是主要因素，低温则使花期延长，受害机会增多。果腐的发生与低温关系最为密切。花腐病在山区果园发生较重，在平原较轻；通风透光不良和管理粗放的果园发病严重；单一品种成片栽植的果园比混栽果园发病严重。苹果品种间，感病性差异很大。高度感病的品种，有'鸡冠''金冠''大秋'和'黄海棠'等；一般的感病品种，有'国光''红玉''倭锦''祝光''青香蕉'；'元帅'和'红星'品种比较抗病。

2. 防治方法

（1）清除病源 果实采收后，清除果园内落于地面的病果、病叶和病枝，并翻耕果园（图7-14）。结合冬剪，剪除病枝，集中烧毁或深埋。

图7-14 翻耕深埋病叶、病果

（2）喷药保护 生长季节喷药保护，尤其注意高感病品种的喷药保护。从苹果树萌芽到开花期，喷药1～2次。第一次在萌芽期，第二次在初花期。若花期低温潮湿，可于盛花末期增喷一次。萌芽前喷用3～5°Bé的石硫合剂，后两次喷用50%多菌灵800～1500倍液，或65%代森锌500倍液，或70%甲基托布津800倍液等。

（3）加强管理 合理修剪，保持树冠内通风透光。增施有机肥，使树势健壮，提高抗病力。新建果园要注意合理搭配树种，避免大面积栽种单一品种。

（十）套袋苹果黑点病

套袋苹果黑点病是近年来推广果实套袋后出现的一种病害。发病初期，果实皮孔变色，果面出现黑褐色小点，多发生在萼洼周围和果顶部。冬季冷藏期间，果面斑点一般不发展，不会引起果实腐烂。

1. 发病规律 该病由粉红聚端孢侵染所致。该菌是多种植物残体上最为常见的腐生菌之一。其腐生基物范围广，苹果果实上的花器残体，包括干枯的花萼、花柱、花丝和花药等，均可成为其腐生基物。

粉红聚端孢适应高温。套袋后造成的果袋内的高温、高湿环境，为粉红聚端孢在花器残体上的滋生提供了条件。一般从7月开始发病，到8月雨多时进入发病盛期。套袋苹果黑点病的发生程度，和果实套袋期间的气候密切相关，雨多而高温闷热时，发病重。海拔低，气温较高，树势旺，郁闭，通风透光差，发病果率高。在同一地区，密植园和郁密树发病较重。套袋时将袋撑鼓，将通气孔撑开的，或扎针孔透气的，果实发病轻（图7-15）。

图 7-15　将果袋的通气孔撑开

2. 防治方法

1）加强通风透光。改善果园树上和地面管理，促进通风透光。

2）选好用好果袋。使用透气性能好的果袋，并保持果袋透气良好，防止袋内病菌滋生和侵染。

3）套前喷药灭菌。套袋前喷施杀菌剂保果。

二、病毒性病害及防治

这是一类苹果病害的统称。病毒是一类比细菌和真菌还小的微生物。受病毒感染的果树终生全身带毒，目前还很难彻底治愈；只能控制它的发生和症状表现。不管是否表现出症状，有病毒树一般生长缓慢，树势不旺，产量降低，品质下降，不耐贮藏，需肥量增加。

苹果花叶病是苹果上常见的病毒病的一种。苹果花叶病的症状是叶上出现斑驳型、环斑型、网纹型和镶边型等多种不同的黄色斑块或深浅绿相间的花叶（图7-16），它的病毒粒体为圆球形。

图 7-16　苹果花叶病

1. **症状表现**　　该病的典型症状是在绿色的叶片上出现褪绿斑块，使叶片颜色深浅不匀，呈现"花叶"状。严重时，褪绿部分可变为黄色或白色，甚至枯死。叶片畸形，有时也出现叶脉变黄、叶肉仍保持绿色的"黄色网纹"类型。与小叶病不同的是，小叶病病叶失绿但叶脉保持绿色，而花叶病后期一般除叶肉外，叶脉也会黄化、失绿。

2. **传播途径和发病规律**　　该病主要通过嫁接传播，带毒接穗和砧木是主要侵染源，菟丝子也可传毒，另据报道，苹果蚜及苹果木虱也可传播。病毒潜育期为 3～27 个月，萌芽后不久即表现症状，4～5 月扩展迅速，其后减缓，秋梢生长时该病又重新扩展蔓延，严重时病叶变褐枯死。

病害发生与环境条件、栽培管理和品种密切相关。土壤干旱、树势衰弱时，有利于病害发生、扩展和蔓延；高温多雨、肥水充足、树势强则发病轻；幼树比成株易发病。染病树逐年衰弱，病树果实不耐贮藏，且易受炭疽病菌侵染，病树还易引起苹果早期落叶病的发生。各品种间感病性有明显差异。

3. **防治方法**

1）清除传染源。认真检查苗圃内苗木，及时拔除病苗并集中烧毁；感病幼树及低效结果树及时刨除。

2）切断昆虫传播途径。于苹果蚜及苹果木虱危害前及时进行防治。

3）药剂防治。病初及时喷 3.95%病毒必克可湿性粉剂 600 倍液、1.5%植病灵乳剂 1000 倍液、20%盐酸吗啉胍铜可湿性粉剂（病毒 A）1000 倍液，隔 10～15d 喷 1 次，连喷 2～3 次。

三、生理性病害及防治

生理性病害是指由不适宜生长条件或环境中有害物质影响而造成的植物病害，主要包括苹果缩果病、苹果小叶病、苹果霜环病、苹果黄叶病、苹果虎皮病、苹果水心病和苹果苦痘病等缺素症。

（一）苹果缩果病

该病由缺硼引起，在北方果区普遍发生。山地及沙质土壤果园常易发病，干旱年份发病重。

1. **症状表现**　　苹果缩果病主要发生在果实上，严重时枝梢和叶片也表现症状。果实从落花后到采收期均可出现症状，表现为部分组织褐变木栓化，表面凹凸不平。因发病早晚不同而呈现不同症状，主要有干斑型、木栓型和锈斑型 3 种类型。干斑型在落花后半个月即可出现病症，果面上先产生近圆形红褐色斑点，病部皮下果肉呈水渍状,半透明,病斑表面溢出黄褐色黏液;后期,病部凹陷成干斑,病果畸形,果肉汁少,质地坚硬而粗糙,发病重的果实常提前脱落。木栓型一般在果实生长后期出现较多,发病初期果肉内部发生水浸状病变,然后逐渐变为褐色,呈海绵状,病变组织木栓化,病果表面凹凸不平,用手触摸有松软感;红色品种病果着色较早,呈暗红色,病果果肉大部分变褐色,木栓化部分味苦,不能食用。锈斑型症状为果柄周围产生褐色横形条纹锈斑,以后锈斑干裂,果肉松软。

枝叶上的症状,春季一般表现为树芽不能发枝或发出纤弱枝条,枝条发出后很快枯死。枝条枯死部分以下往往发出很多新枝或丛生枝,这些新生枝条也往往会枯死。初夏,当年生新梢节间短,叶片呈淡黄色,叶柄、叶脉呈红色,叶尖或叶边缘发生坏死斑。新梢顶端韧皮部和形成层出现局部坏死,坏死部分扩大,自新梢顶端向下逐渐枯死。

2. 病因及发病规律　　苹果缩果病由缺硼引起。土质瘠薄的土壤,如河滩地、山地砂砾土、石灰质土发病较重。长期偏施氮肥或遇早春干旱,发病尤重。一般土壤含硼量低于 10mm/kg,果树就会出现缺硼症状。土壤过酸或过碱均不利于硼的吸收,酸性土壤中的硼容易流失,碱性土壤中的硼容易被固定。此外,底土板结、土壤含水量过高,也会限制硼的吸收。

3. 防治方法　　避免长期偏施氮肥,多施有机肥和硼镁复合肥。春旱时及时灌水。缺硼严重的果园,春季和秋季每株施硼砂 150～200g,施后灌水。开花前和开花后,叶面喷洒 0.3%硼砂溶液,有提高坐果率、增加产量的作用。

(二) 苹果小叶病

该病由缺锌引起,在山东、河北及黄河故道等苹果产区发生比较普遍,有些果园新梢发病率高达 50%～60%。

1. 症状表现　　苹果小叶病症状主要表现在新梢和叶片上。病树春季发芽较晚。初期叶色浓淡不均,叶脉间色淡,叶呈淡黄绿色。春季症状明显,病枝发芽较晚,病梢节间缩短,叶片狭小丛生,呈畸形,严重时病枝可能枯死。病梢下部常能另发新枝,新枝叶片开始正常,后期表现节间短,叶狭小。病枝基芽明显减少;花较少,不易坐果,即使坐果,所结果实小且呈畸形。初发病的树根系发育不良,病树长势衰弱,树冠不能扩展,产量很低。

2. 病因及发病规律　　锌是果树生长发育必需的微量元素,苹果小叶病是缺锌所引发的生理病害。色氨酸是合成吲哚乙酸的原料,缺锌的苹果树色氨酸减少,果树生长和叶绿素合成受到抑制,表现出小叶或簇叶症状,叶片发生黄化。沙质土壤由于养分容易流失,锌素含量少,易出现小叶病;碱性土壤或偏施过量磷肥的土壤及黏重的土壤也容易发生小叶病。

3. **防治方法**　　搞好栽培管理，增施有机肥，改良土壤，加强水土保持，是防治小叶病的根本措施。在苹果盛花后，喷洒 0.2%硫酸锌溶液，当年效果明显，但持效期较短。果树发芽前，结合春季施基肥，每株大树施硫酸锌 0.5～1kg，翌年可发挥肥效，且持效期较长。

（三）苹果霜环病

1. **症状表现**　　花芽受冻轻时发育迟缓，新梢细弱，叶呈畸形；花芽膨大至开花期冻害，初期表现为花柱、柱头、花药变色，继而萎蔫、干枯。冻害严重时，花瓣呈水渍状，一触即落。幼果期霜环型冻害，一般在谢花后 7～10d，受冻后在果实肩部出现环状缢缩，不久形成月牙形凹陷斑，其皮下浅层果肉变褐、坏死、木栓化。而后受害果大量脱落，未成熟果实至成熟期萼部周围仍留有环状或不连续环状褐色凹陷伤疤。

2. **传播途径和发病规律**　　苹果霜环病是由于果实受冻产生的生理病害。

3. **防治方法**　　避免在低洼地及河槽谷地建园，可选择在背风向阳处建园。易发生霜冻的地方少栽'秦冠''金冠'等抗性弱的品种，注意营造防风林带。适当增施磷肥，少施氮肥，避免修剪过重，合理疏花疏果，提高树体营养积累。萌芽前树体喷 250～500mg/kg 萘乙酸钾盐，通过花前灌水和行间覆草等措施可有效推迟花期，避免受害。已遭受霜环病危害的果园，可以喷布 0.2%尿素加以补救。若果树负载量较大时，可以适当疏除病果，提高好果率。

（四）苹果黄叶病

苹果黄叶病又称黄化病或缺铁失绿症。在我国北方苹果产区多有发生，尤其在盐碱地和石灰质过高地区发生普遍。

1. **症状表现**　　春季新梢抽生后即开始显现症状，新梢旺盛生长期症状最为明显。发病初期，新梢嫩叶开始变黄，而主脉和支脉仍保持绿色。严重时，全叶变成黄白色，叶片焦枯脱落，病枝条细弱、不充实，软而易弯曲。树势衰弱，产量降低，甚至绝收。

2. **病因及发病规律**　　苹果黄叶病是由缺铁引起的生理病害。铁是果树形成叶绿素所必不可少的微量元素之一。由于可吸收态铁元素供给不足，叶绿素形成受阻，果树光合作用强度降低，直接影响果树的正常生长和发育。砧木种类与发病关系密切，以山定子作砧木的发病重，以海棠、楸子、新疆野苹果等作砧木的发病轻。

3. **防治方法**　　选择抗病砧木，果园间作豆科绿肥，翻压后改良果园土壤结构和通气状况，低洼果园注意排水。冬季结合施肥，每株结果树施入硫酸亚铁

0.5kg，而后灌足水。苹果树发芽前，树上喷 0.3%硫酸亚铁，或在生长季节喷 0.1%～0.2%硫酸亚铁。

（五）苹果虎皮病

1. 症状表现　　苹果虎皮病又称褐烫病、晕皮，是苹果贮藏后期的一种生理性病害。发病初期，果皮变淡黄褐色，形成不规则斑块，似水烫。随着病情发展，病部表皮变褐，轻微凹陷，皮下数层细胞变褐坏死；病果果肉松软，常带酒味。发病后期，病果易受青霉菌的侵害而腐烂。该病多发生在成熟度不足、着色不良的果实或果实未着色的背阴面，严重时遍及整个果面。

2. 病因及发病规律　　苹果果蜡中产生一种挥发性的半萜烯类碳氢化合物α-法尼烯，能自动氧化生成共轭三烯，为致病物质。共轭三烯侵害果皮细胞，引发虎皮病。果实采收太早、着色差、果型过大、生产过程中氮肥施用量过多、贮藏库通风不良、贮藏后期库温偏高等，均有利于虎皮病的发生。不同品种对虎皮病的敏感程度不同，'国光'品种最敏感，元帅系、'青香蕉'、'印度'等品种次之，'金冠'和'红玉'品种较抗病。

3. 防治方法　　在苹果生产过程中多施有机肥，不偏施氮肥，做到氮磷钾肥配比合理。适时采收，对虎皮病敏感的品种尤其要避免过早采收。易发病品种的果实入库前，用含二苯胺（每张含 1.5～2mm）或乙氧基喹（每张含 2mm）的包果纸包果，或者选用 0.1%～0.2%二苯胺溶液、0.25%～0.35%乙氧基喹溶液、1%～2%卵磷脂溶液或 50%虎皮灵乳剂的 2000～4000mm/kg 溶液浸洗果实。加强贮藏库通风换气，排出库内乙烯及其他有害气体。控制贮藏温度，提倡冷库贮藏和气调贮藏。

（六）苹果水心病

苹果水心病又名蜜果病，是苹果生长期和贮藏期的重要生理病害。在河北、辽宁、河南、山西、陕西等苹果产区均有发生，西北黄土高原和山西晋中等果区元帅系和'秦冠'受害较重，成熟期病果率可达 20%～30%，严重时病果率可达 90%。采收时病果可食用，但贮藏后发生内部褐变和腐烂，对果实质量影响很大。

1. 症状表现　　病果果肉质地较硬，呈半透明状。病变多发生在果心及果心附近，也可在果肉其他部位发生。病果果肉由于细胞间隙充满细胞液而呈水渍状。发病轻时，果实外表无明显变化，不易辨认，剖开后才可见到水渍状病变。发病较重时，水渍状斑一直扩展到果面。病变部分含酸量较低，有醇累积，味稍甜，略带酒味，使贮藏期病果组织败坏，变为褐色。

2. 病因及发病规律　　苹果水心病主要由糖代谢失调引起。在秋季夜温下降较快的地区，由于夜温过低，生长期长的晚熟品种果实中山梨糖醇酶的活性受到影响，使由叶片转运来的碳水化合物，以山梨糖醇的形式存在于细胞间隙，而不能进入细胞转化为糖，使细胞间隙半透明而呈现水渍状。单施氮肥，特别是单施铵态氮时病果率较高，在施氮肥基础上增施磷肥，可使病害显著减轻。延迟采收的果实和树冠外围直接暴晒在日光下出现日灼症状的果实容易发病。成熟期昼夜温差较大的地区，苹果水心病尤为严重。

3. **防治方法**　　增施磷肥、农家肥和复合肥。盛花后 3～5 周和采果前 8～10 周，各喷两次 0.5%硝酸钙溶液。易感病品种适当提前采收。果实采收前两个月喷洒 1000mm/kg 的比久溶液。贮藏前用 2%～6%氯化钙液浸果。

（七）苹果苦痘病

苹果苦痘病又称苦陷病（图 7-17），是苹果贮藏期间的一种常见生理病害，在各苹果产区均有发生。

图 7-17　苹果苦痘病

1. **症状表现**　　果实从近成熟期开始显现症状，贮藏期继续发展。病斑多发生在近果顶处靠近萼洼的部分。病部皮下果肉先发生病变，而后果皮出现以皮孔为中心的圆形斑点颜色，因果面颜色而异，红色果面上呈暗红色，黄色果面上呈绿色，绿色果面上呈灰褐色。病斑凹陷，表皮坏死，形成直径 2～4mm（大的可达 1cm 左右）的褐色陷斑，严重时病斑布满果面。病部皮下果肉变为褐色海绵状，呈圆锥形深入果肉达 2～5cm，有苦味。

2. **病因及发病规律**　　苹果苦痘病由缺钙引起。沙质土、氮肥施用过多的果园发病较重。重剪树、幼旺树发病较多。采收过早或贮藏期温度较高会导致果实病情加重。病果不但品质和外形变劣，而且容易感染病菌腐烂。一般‘国光’‘元帅’‘金冠’等品种较易发病。

3. 防治方法　　加强栽培管理，适度修剪，保持树势中等和生长发育均衡；增施有机肥，不要过量施用氮素化肥和后期追施速效氮肥。发病较重的地区，在果树生长期叶面喷 4～5 次 0.8% 硝酸钙或 0.6% 氯化钙。适时采收和贮藏。果实采收后 10d 左右，用 1% 氯化钙溶液浸果 1min。贮藏期间，加强通风，防止库温过高损伤果实。

第二节　主要虫害及防治技术

一、食心虫类

食心虫类是指专门蛀害苹果果实的一些鳞翅目害虫。其中有些种类还可为害新梢和嫩芽，影响果树的正常生长发育。为害苹果的食心虫有 10 余种，主要有桃小食心虫、苹小食心虫、梨小食心虫、梨大食心虫、桃蛀螟和棉铃虫等。

（一）桃小食心虫

桃小食心虫简称"桃小"，广泛分布于我国北方果区，以幼虫蛀果为害。除为害苹果外，它还可为害梨、桃、杏、枣、山楂、李、石榴和酸枣等多种果树。幼虫蛀入苹果后，蛀孔小，愈合成小圆点，其周围凹陷，常带绿色；或流出透明果汁，干后呈白絮状。果内虫道纵横弯曲，并有大量虫粪，俗称"豆沙馅"。幼果被害成"猴头果"（图 7-18）。

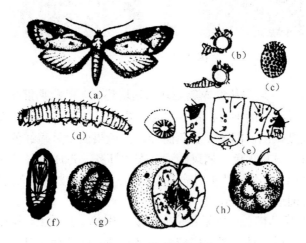

图 7-18　桃小食心虫

(a) 成虫；(b) 雄（下）雌（上）蛾的下唇须；(c) 卵；(d) 幼虫；(e) 幼虫腹足趾钩，前胸，腹部第四、八至十节侧面；(f) 夏茧剖面；(g) 冬茧剖面；(h) 虫果

1．形态识别

1）成虫。雌蛾体长 7～8mm，翅展 15～18mm；雄蛾体长 5～6mm，翅展 12～14mm，体灰白至浅褐色，复眼呈红色。前翅前缘有一个近似三角形、呈蓝褐色并有光泽的大斑纹，翅基和中部有 7 簇黑色斜立鳞片，后翅灰色。

2）卵。近椭圆形，长 0.45mm，一般 1～3 粒，最多 20 多粒，直立萼洼茸毛中，刚产下的卵为橙色，后变为橙黄色、鲜红色，接近孵化时为暗红色。

3）幼虫。老熟幼虫体长 13～16mm，较肥胖，体为乳白色或橙黄色，头黄褐色，前胸背板及臀板褐色，每个体节有明显的黑点。

4）蛹。体长 6.5～8.6mm，呈黄白色，近羽化时变成灰黑色，复眼红色。茧用丝缀连土粒形成，越冬茧为扁圆形，长径 4.5～6.0mm；夏茧为纺锤形，长径 8～10mm。

2．防治方法　以消灭越冬幼虫为基础，通过果实套袋、适期喷药等措施保护果实免遭危害。

（1）减少虫源　及时摘除虫果和捡拾落果，以降低晚熟果受害率和越冬虫源量（图 7-19）。

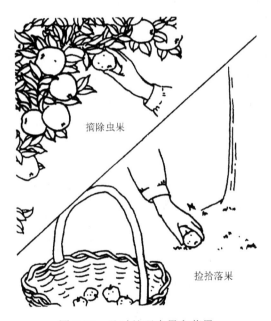

摘除虫果

拾拾落果

图 7-19　及时处理虫果和落果

（2）封杀出土幼虫　选上年桃蛀果蛾危害严重的果树 5 株，于树下各放置小石块或瓦片 10～20 个。从 5 月上旬开始，每日检查树下的出土幼虫数。当发现幼虫连续出土时，树盘喷 25%对硫磷微胶囊或 25%辛硫磷微胶囊 300 倍液。在地面有一定湿度的果园，可施用新线虫，或白僵菌与对硫磷胶囊混合液，用量为新线虫 60 万～80 万条/m²，或白僵菌 8g/m² 与对硫磷微胶囊 0.3ml/m² 的混合液，喷洒树盘，封杀出土幼虫。

（3）诱杀成虫　　果园内设置黑光灯、频振式诱蛾灯、高压汞灯，诱杀苹小食心虫和棉铃虫的成虫；或利用杨树枝和柳树枝引诱棉铃虫的成虫；或利用苹小食心虫成虫对糖醋液的趋性，在成虫发生期诱杀成虫；或设置食心虫性引诱剂诱捕器，诱杀成虫，每亩设置两个食心虫性引诱剂诱捕器，彻底诱杀雄蛾，使雌蛾不能交尾产卵，而控制该虫危害。一般诱蛾有效期长达两个月。

（4）树上喷药防治　　食心虫一旦蛀进果内，就无法防治，故掌握准确的防治时期是控制此类害虫的关键。通过诱蛾测报，成虫发生高峰期后 3～4d 是喷药防治的最佳时期；一般果园也可在幼虫发生初期开始喷药。常用的有效药剂有 4.5%高效氯氰菊酯乳油 1500～2000 倍液及 2.5%功夫乳油 1500～2000 倍液等。

（二）苹小食心虫

苹小食心虫又名苹果小食心虫、东北小食心虫，简称苹小，属鳞翅目卷蛾科（图 7-20）。此虫分布范围较广，各苹果产区都有发生。早在 20 世纪 50～60 年代，在北方苹果产区，如河北、辽宁和山东等地，该虫对苹果为害较重，是食心虫的重要种类之一。进入 70 年代，由于加强了对食心虫的防治工作，特别是使用有机磷杀虫剂防治之后，有效地控制了其发生和为害，近十余年来，管理较好的苹果园，此虫发生很少，有些果园已将其灭绝。但在中部和西北地区，管理粗放的果园仍有发生，是威胁苹果生产的重要害虫。寄主植物有苹果、梨、花红、海棠、桃、山楂、楹樗和山荆子等。

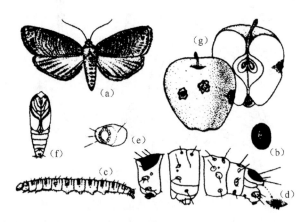

图 7-20　苹小食心虫

（a）成虫；（b）卵；（c）幼虫；（d）幼虫前胸，腹部第四、八至十节侧面及臀栉；（e）幼虫腹足趾钩；（f）蛹；（g）被害果

1. 危害症状　　苹小食心虫幼虫为害果实，被害果上典型虫疤直径 1cm 左右，深达果皮下 0.5～1cm，虫疤呈黑褐色、稍凹陷，有两三个排粪孔，其上堆积虫粪。虫疤上有较大的幼虫脱果孔。

2. 形态特征

1）成虫。体长 5mm 左右，为暗褐色，稍带有紫色光泽。前翅前缘具有 7～9 组白色短斜纹，近外缘处有数个黑色小点。

2）卵。椭圆形稍隆起，表面光滑。刚产时黄白色半透明，近孵化时微显红色，可透视出一黑点。

3）幼虫。老龄幼虫体长 6～10mm。前胸背板浅黄褐色；腹部背面各节具两条深桃红色横纹，可与其他食心虫区别。臀板深褐色。臀栉 4～6 个。

4）蛹。黄褐色，长 5mm 左右。腹部第二节至第七节背面有两排短刺，第八节至第十节只有一排稍大的刺。

3. 生活史及习性　　苹小食心虫发生世代整齐，辽宁、山东、河北、河南、山西和陕西等地区一年繁殖两代，以老龄幼虫结茧越冬。越冬部位大多在树的主干、枝杈、根颈部树皮裂缝内和锯口周围干皮缝内，树下杂草和果筐、吊树绳、支撑竿上也有分布。辽宁、河北苹果产区，翌年 5 月越冬幼虫开始化蛹，经十余天羽化出成虫。各代成虫发生期：越冬代为 5 月下旬至 7 月中旬，盛期 6 月中旬；第一代 7 月中旬至 8 月中旬，盛期是 8 月上旬。成虫白天不活动，夜晚交尾、产卵，卵大多数产于果实光滑的胴部。卵经过 8d 左右，孵出幼虫并从果面上蛀入果内，在果皮下浅处为害形成虫疤。幼虫在果内为害二三十天后，从虫疤边缘处脱出果外，沿树枝干爬到隐蔽处结茧化蛹，经过 10d 左右羽化出成虫，继续繁殖发生下一代。第二代卵发生期为 7 月下旬至 8 月下旬，盛期 8 月上旬。卵经过 4～5d 孵出幼虫直接蛀果为害 20 多天老熟，于 8 月下旬至 9 月下旬陆续脱出，转移到越冬场所越冬。

苹小食心虫发生为害轻重与 5～6 月降水有密切关系，幼虫越冬后虫体需要吸收充足水分才能顺利化蛹，在化蛹期间，若遇春旱无雨年份，幼虫无水分供应不能正常化蛹，因此，成虫发生量就少，第一代为害很轻，同时发生期也推迟。相反，遇上春雨多的年份，第一代发生量大，为害也重。

苹小食心虫成虫对糖醋液或烂苹果发酵水有一定趋性，可利用这一习性来诱杀成虫和进行成虫发生期测报。

4. 防治方法

（1）人工防治　　在春季发芽前彻底清除越冬场所的幼虫；幼虫蛀果期发现虫果及时摘除，以减少虫源。

（2）药剂防治　　使用药剂杀灭果上虫卵和防止幼虫蛀果。指导适期施药的虫情调查方法，是在成虫发生期调查'国光''金冠'苹果小食心虫卵果率，达到

0.5%～1%时开始施药。辽宁地区，一般年份6月中下旬和8月上中旬是成虫产卵盛期，各施药一次可有效控制为害。若在发生重的年份，第一次施药后10～15d，卵又达到防治指标，需再防治一次。使用的药剂有50%杀螟硫磷乳剂1000倍液，对卵杀灭效果很好，并可杀灭刚入果的幼虫。

二、叶螨类

（一）山楂叶螨

　　山楂叶螨又叫山楂红蜘蛛，是苹果的重要害螨，分布于北方各苹果区。危害寄主有苹果、梨、桃、樱桃、杏、李、山楂和多种蔷薇科观赏植物。其成螨若螨群集于叶背拉丝结网，于网下刺吸叶片汁液。

图7-21　束草诱虫

　　1. 危害症状　　活动螨主要在叶片背面刺吸叶肉组织，破坏叶组织的叶绿素，导致危害部位失绿。螨数量少时，从叶片正面可见局部众多的失绿斑点，随着时间的延续、螨量的增加，失绿面积逐渐增大，直至整个叶片焦枯、脱落，整棵树像被火烤过一般。螨害严重时，会大大削弱树势，影响花芽形成，对果品的产量和质量造成重大危害。

　　2. 监测和防治

　　（1）消灭越冬螨　　秋季在苹果树干上绑草圈，诱集越冬雌螨，早春出蛰前取下草圈烧毁（图7-21）。苹果树发芽前，结合防治其他害虫，彻底刮除主干、主枝上的翘皮与粗皮，予以集中烧毁。

　　（2）生物防治　　在苹果园种植大豆、苜蓿等作物，为害虫天敌提供补充食料和栖息的场所。5月上旬，山楂叶螨的数量达5～10头/叶时，每树放中华草蛉卵1000～3000粒，也可于5月下旬至6月上旬每树释放西方盲走螨2000头左右，以控制螨害。

　　（3）喷药防治　　在苹果园中，按对角线法选5株长势中庸的树，从苹果树萌芽开始，每三天调查一次。每次在树冠东、西、南、北及内膛各随机调查4个短枝顶芽，统计上芽的越冬雌成螨数。当平均每芽有1.5～2头时，即喷药防治。以后各代的防治指标为：花后每叶有活动螨4～5头；8月每叶有活动螨7～8头，且天敌与害螨之比小于1∶50时，可喷用50%硫悬浮剂200～400倍液，或5%尼索朗2000倍液，或20%螨死净2000～3000倍液等。

（二）二斑叶螨

1. 危害症状　　二斑叶螨在桃、杏、梨、李、苹果、柑橘、樱桃和柠檬等果树上均有发生。以成螨和幼螨、若螨刺吸汁液危害。叶片受害初期常呈现失绿的小斑点，后扩大成片，叶焦黄而提早脱落。

2. 形态特征

1）雌成螨。椭圆形，体长 0.42～0.59mm，体背有刚毛 26 根，排成 6 横排。生长季节为白色、黄白色，体背两侧各具一块黑色长斑，取食后呈浓绿色至褐绿色；滞育型体呈淡红色，体侧无斑。雄成螨体长 0.26mm，近卵圆形，多呈绿色。

2）卵。球形，直径 0.13mm，光滑，初产时乳白色，渐变为橙黄色，近孵化时出现红色眼点。幼螨初孵时近圆形，体长 0.15mm，白色，取食后变暗绿色，眼红色，足 3 对。前期若螨体长 0.21mm，近卵圆形，足 4 对，色变深，体背出现色斑；后期若螨体长 0.36mm，与成螨相似。

3. 发生规律　　在北方一年可繁殖 7～15 代，南方一年可繁殖 20 代以上。卵多产于叶背主脉两侧或丝网下，螨口密度大时，也能产于叶表、花萼、叶柄和果柄上。

成螨开始产卵至第一代幼螨孵化盛期需 20～30d，以后世代重叠。5 月上旬后陆续迁移到树上为害。由于前期温度较低，5 月一般不会造成严重发生。随气温升高，其繁殖速度加快，在 6 月上中旬进入全年的猖獗为害期，7 月上中旬进入高峰期。二斑叶螨猖獗发生期持续时间较长，一般年份可持续到 8 月中旬前后。10 月后陆续出现滞育个体。

4. 防治措施

（1）农业防治　　在果园结合刮病，刮除、刷除、擦除树上越冬成螨或冬卵；害螨进入越冬态后清除或早春害螨出蛰前用土埋压距树干 0.3～0.6m 的表土；二斑叶螨严重危害的果园，可铲除果园内杂草，减少越冬雌成螨的数量。

（2）保护和利用自然天敌资源　　在果园种植藿香蓟、油菜、紫花苜蓿等显花植物，为天敌的繁衍提供潜所和补充食料，提高天敌对害螨的自然控制效果。

（3）药剂防治

1）果树休眠期防治。果树发芽前喷布 5%乳剂、3～5°Bé 石硫合剂对山楂叶螨的越冬雌螨效果很好。

2）生长期防治。越冬雌螨出蛰期，掌握在大部分越冬雌成螨已经上树，但产卵之前，华北地区约在 4 月中旬（苹果花序分离至初花期，花前 1 周左右）；当年第一代卵孵化盛期，在绝大部分卵已经孵化，有的虽已经发育为成螨但尚未产卵之前（落花后 1 周左右）。6 月下旬至 7 月甚至到 8 月，叶螨繁殖最快，应据虫情进行防治。

三、卷叶蛾类

（一）苹果褐卷蛾

苹果褐卷蛾又名苹褐卷叶蛾，属鳞翅目卷蛾科。国内分布在东北、华北和华中地区，国外分布在欧洲、西伯利亚、印度、朝鲜、日本。寄主有苹果、梨、桃、杏、樱桃等果树，以及柳、榆等林木。以幼虫为害植物的芽、嫩叶、花蕾、叶片和果实，以叶和果受害最重。在有些地区与棉褐带卷蛾同时发生。

1. 形态特征

1）成虫。体长 8～11mm，翅展 18～25mm，全体呈棕色。前翅基部有深褐色斑纹，中部有一条自前缘斜向后缘的深褐色宽带，前缘近顶角处有一个半圆形浓褐色斑。雄虫前翅无前缘褶。

2）卵。椭圆形，扁平，淡黄绿色，数十粒至百余粒排列成鱼鳞状卵块。

3）幼虫。老熟幼虫体长 18～20mm，头近方形。头和前胸背板淡绿色，体深绿而稍带白色，毛片稍淡。多数个体前胸背板后缘两侧各有一块黑斑。

4）蛹。体长 11～12mm，深褐色，胸部腹面稍带绿色，腹部各节背面有两排几乎等长的小刺，末端有 8 根刺钩。

2. 生活史及习性　　苹果褐卷蛾在辽宁、甘肃天水一年发生两代，在河北、山东、陕西南部发生三代。以幼龄幼虫结白色薄茧越冬，越冬部位、出蛰时期、为害习性与棉褐带卷蛾相似。越冬代成虫发生期在 6～7 月，7～8 月发生第一代幼虫，8 月中旬至 9 月下旬发生第一代成虫，第二代幼虫于 10 月中下旬开始越冬。

成虫有趋光性和趋化性，主要产卵于叶背面，少数产在果上。初孵幼虫群栖叶上取食叶肉，将叶片吃成网孔状，稍大后吐丝连缀叶片，幼虫在其中为害，有时啃食果皮。其他习性与棉褐带卷蛾相似。

（二）苹果白卷叶蛾

苹果白卷叶蛾又名苹白小卷蛾，属鳞翅目小卷蛾科。分布在东北、华北、华东、华南等果产区。寄主有苹果、梨、沙果、海棠、桃、李、杏、山楂等果树及多种阔叶林木。以幼虫卷叶为害，嫩叶受害较重，幼虫还为害花蕾。

1. **危害症状**　苹果白卷叶蛾幼虫吐丝将几片嫩叶缠缀在一起，潜藏于其中为害。常将卷叶中的 1 个叶柄咬断而成枯叶，其他卷叶仍是绿色，这是该卷叶蛾为害的主要特征。

2. **形态特征**

1）成虫。体长约 7mm，翅展约 15mm，灰褐色，前翅基部 1/3 为深褐色，中部 1/3 为灰白色，端部 1/3 为深灰色，近外缘有 5 条并列的浓黑色条斑。卵宽椭圆形，长约 0.85mm，扁平，乳白色。

2）幼虫。老熟时体长 10～12mm，头部褐色，前胸背板为黄褐色，其余为红褐色。

3）蛹。体长 8～9mm，为黄褐色。

3. **生活史及习性**　苹果白卷叶蛾在辽宁、华北、山东等地一年发生一代，以幼龄幼虫在果树芽内越冬，顶芽内较多，比较饱满的侧芽和花芽内也有，但数量较少。翌年苹果发芽后，幼虫出蛰，为害嫩芽和花蕾，并吐丝缠缀芽鳞碎屑。幼虫稍大后，则在枝梢顶部缠缀几个嫩叶为害，吐丝结碎屑成巢囊。到 6 月中下旬，幼虫老熟后在卷叶内化蛹。6 月下旬开始羽化为成虫，7 月上旬为羽化盛期。成虫产卵于叶面，少数产在叶背。7 月中下旬孵化出幼虫。幼虫先在叶背沿主脉食害叶肉，并吐丝缀叶背的绒毛、虫粪等做巢，在其中为害。8 月上旬以后，则转入花芽或枝梢顶端的芽内为害，8 月中旬开始，即在芽内越冬。

（三）苹果小卷蛾

苹果小卷蛾又名苹果蠹蛾（图 7-22），属鳞翅目小卷叶蛾科，是国际上的检疫对象，在国内只分布于新疆，内地果区尚未发现。因此，国内也把它列为检疫对象。寄主植物除苹果外，还有沙果、香梨、桃、李、杏和楹椁等果树，以苹果、沙果和香梨受害最重。幼虫只为害果实，并有转果为害习性，能造成大量落果，对果品质量、产量影响很大。目前，在管理粗放的苹果园，虫果率高达 50%以上。

1. **危害症状**　苹果小卷蛾幼虫蛀害苹果果实，果面有蛀入虫孔，孔口处堆积以丝连缀成串的褐色虫粪。幼虫先在蛀孔表层为害，然后向果心蛀食，并取食种子。果实大多是局部受害，只有虫多时才被纵横串食成"豆沙馅"状。虫果易脱落。

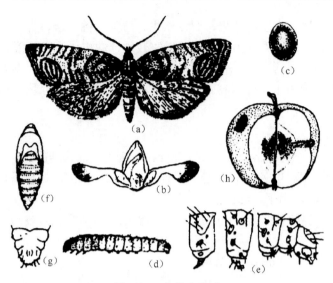

图 7-22　苹果小卷蛾

（a）成虫；（b）雄虫外生殖器；（c）卵；（d）幼虫；（e）幼虫前胸及腹部第四、八至十节侧面；（f）蛹；
（g）蛹尾部；（h）被害果

2. 形态特征

1）成虫。体长约 8mm，灰褐色带紫色光泽，前翅臀角处有一圆形深褐色大斑，内有 3 条青铜色粗纹；翅基部褐色，分布有暗色斜行波状纹；翅中部浅褐色，也布有褐色斜行波状纹。

2）卵。椭圆形、扁平，刚产的卵白色半透明，渐变黄色并显出红圈，近孵化时消失。

3）幼虫。老龄幼虫体长 16mm 左右，体背为浅红色。前胸 K 毛群有 3 根刚毛。腹足趾钩有 19～23 个。

4）蛹。长 9mm 左右，腹部各节背面有刺排列，第二节至第七节为两排，第八节至第九节只有 1 排。末端有钩状毛 10 根。

3. 防治方法

（1）实行检疫　　在疫区加强苹果小卷蛾的检疫工作。严禁将新疆苹果，特别是混入的虫果装箱运出，防止传入内地果区。

（2）人工防治　　在苹果发芽前刮除树干老裂、翘皮，同时清除堆果场的虫果、烂果，集中杀灭其中越冬幼虫。在幼虫害果期，经常摘除和捡拾落地的虫果，杀灭果内幼虫。还可以在 6 月于树主干分权处，捆扎浸药草带，诱集越冬幼虫潜入毒死。浸渍用的农药有杀螟松和溴氰菊酯等。

（3）药剂防治　　药剂保护果实，主要是杀灭果上虫卵和蛀果前的幼虫。因此，在成虫产卵盛期施药收效最大。一般情况下，对早熟品种施药两次，中熟品

种施药 3 次，晚熟品种喷药 4 次。两次药的间隔期，依使用药剂的持效期和卵量
多少而定。使用的药剂有 50%杀螟硫磷（杀螟松）乳剂 1000 倍液，这两种药剂杀
卵力很强，对初蛀入果内幼虫很有效。50%西维因可湿性粉剂 400 倍液和 2.5%溴
氰菊酯乳剂 3000 倍液，对初孵幼虫药效高，持效期较长，一般有效期可维持 10～
15d。还可用 20%甲氰菊酯乳剂 3000 倍液，同时兼治苹果小卷蛾和害螨类。

（四）顶梢卷叶蛾

　　顶梢卷叶蛾又名芽白小卷蛾（图 7-23），主要以幼虫卷嫩叶为害，影响新
梢生长。

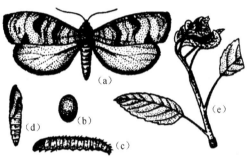

图 7-23　芽白小卷蛾
（a）成虫；（b）卵；（c）幼虫；（d）蛹；（e）被害嫩叶

　　1. 形态识别
　　1）成虫。体长 6～7mm，翅展 12～15mm。身体为灰褐色。
　　2）卵。长椭圆形，扁，平，长径约 0.7mm，短径约 0.5mm，呈乳白色，半透明。
　　3）幼虫。老熟幼虫长 8～10mm。体粗壮，呈污白色。头、前胸背板、胸足
均为漆黑色。越冬幼虫为浅黄色。
　　4）蛹。长 6～8mm，纺锤形，黄褐色，腹部末端有 8 个钩状刺毛和 6 个齿状
突。茧呈黄白色。
　　2. 监测和防治　　卷叶蛾类害虫的天敌寄生蜂很多，作用较大的有松毛虫赤
眼蜂、卷叶蛾肿腿姬蜂和顶梢卷叶蛾壕姬蜂等。新褐卷叶蛾还有三种天敌：双斑
截腹寄蝇、黄长体茧蜂和卷蛾曲脊姬蜂。这三种天敌值得研究和利用。
　　（1）消灭越冬虫源　　刮老翘皮，消灭越冬虫茧。结合冬剪，剪去越冬虫梢，
集中烧毁。
　　（2）科学使用农药，最大限度地保护和利用寄生蜂　　根据诱蛾情况，在连
续 4d 诱到雄虫后，开始释放赤眼蜂。以后每隔 4d 继续第二次、第三次放蜂，共
放 3 次。每次放蜂 1000 头/株（图 7-24）。

图 7-24　挂蜂卡释放赤眼蜂

（3）幼虫期防治　　在有代表性的且上年受害较重的果园内，按对角线法确定 5 个点，每点两株树。在树冠中部各固定 20 个花芽，从苹果树萌芽开始，每两天调查一次上芽的出蛰幼虫数。当累计出蛰率达 30%，且累计虫芽率达 5%时，喷用 Bt 乳剂（100 亿个芽孢/ml）1000 倍液，或 25%灭幼脲 3 号 2000 倍液。在各代成虫发生期喷 48%乐斯本 2000 倍液。幼虫期施药尽量在其卷成叶团前进行。

四、潜叶蛾类

（一）金纹细蛾

金纹细蛾广泛分布于我国北部、中部和西北部地区的果区。近年来，该虫发生普遍，种群数量明显增多。幼虫潜入叶背表皮下取食叶肉，使下表皮与叶肉分离，并被幼虫横向缀连，致使上表皮拱起呈囊泡纱网状（图 7-25）。严重时一个叶片有 10 个虫斑左右，使叶片功能丧失，甚者大量脱落。

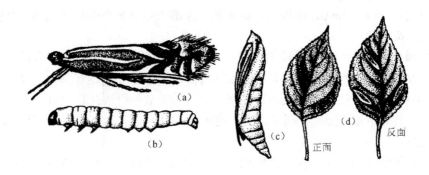

图 7-25　金纹细蛾

（a）成虫；（b）幼虫；（c）蛹；（d）被害叶的正面与反面状

1. 发生规律　　一年发生 5 代，以蛹在被害落叶中越冬。苹果树发芽后，越冬蛹羽化。在陕西省关中地区，其各代成虫发生盛期为：越冬代发生在 3 月中旬到 4 月上旬，第一代发生在 6 月中下旬，第二代发生在 7 月中下旬，第三代发生在 8 月中旬，第四代发生在 9 月中下旬。成虫喜欢早晚活动，多于树冠下部飞舞和交尾。常产卵于果树嫩叶背面，每雌可产卵 30～40 粒。第一代卵期为 12d，以后各代的卵期缩短。幼虫孵化后，从卵壳底部直接蛀入叶内啃食叶肉。这时在叶背可见较浅色斑。随着虫龄增大，虫斑扩大，上表皮拱起。老熟幼虫在虫斑内化蛹。成虫羽化时，将蛹壳前半部带出虫斑外。

在金纹细蛾的天敌中，有 8 种寄生蜂作用较大。特别是金纹细蛾跳小蜂、姬小蜂和绒茧蜂，对金纹细蛾的发生和危害起着重要的控制作用。

2. 防治方法

1）消灭越冬蛹。根据该虫以蛹在落叶中越冬的特点在果树休眠期深翻树盘，埋落叶及其中的越冬蛹于深土层；或清扫落叶，并将其放于细纱网中，待寄生蜂羽化后，将落叶连同越冬蛹烧毁。

2）减少繁殖条件。根据成虫多于树冠下部飞舞和交尾的特点，清除树下根蘖苗，减少金纹细蛾的繁殖数量。

3）诱杀成虫。用性诱芯设置性诱捕器，诱杀成虫（图 7-26，图 7-27）。

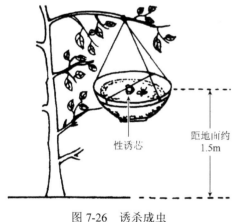

图 7-26　诱杀成虫

图 7-27　简易性诱捕器

4）施药防治。狠抓前期特别是越冬代和第一代成虫盛发期的药剂防治。可用25%灭幼脲 3 号 2500 倍液或 1%阿维菌素 5000 倍液。

（二）旋纹潜蛾

旋纹潜蛾又名苹果潜叶蛾。在华北、西北和黄河故道地区严重危害梨和苹果。

幼虫以钻入叶内为害，并排粪于其中，形成同心旋纹状。严重时一个叶片有 10
多个虫斑，大大影响叶片的功能（图 7-28）。

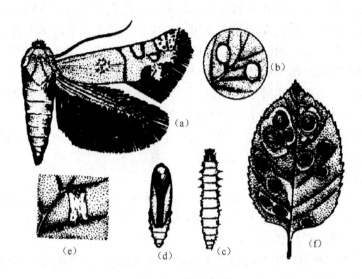

图 7-28　旋纹潜蛾

（a）成虫；（b）卵；（c）幼虫；（d）蛹；（e）茧；（f）被害叶

1. **发生规律**　　在陕西该虫一年发生 4 代，以蛹在树枝干裂缝、落叶上等处
的茧内越冬。4 月上旬，越冬蛹羽化，其羽化时间多在早晨。成虫喜欢在中午气
温高时飞舞，夜间静伏枝叶上不动。成虫出现盛期在 4 月中旬。卵多单产于叶背，
每雌可产卵 40 粒左右。卵期在夏季为 7～10d，在春、秋季为 20d 左右。孵化后
幼虫直接从卵壳下蛀入叶内，潜食叶肉。幼虫老熟后爬出虫斑，吐丝下垂，飘移
到枝杈或叶片上做白色梭形茧化蛹。以后各代的成虫发生期，分别为 6 月中下旬、
7 月中下旬和 8 月中旬至 9 月上旬。9 月下旬开始，幼虫进入越冬场所，结茧化蛹
越冬。

旋纹潜蛾的寄生蜂姬小蜂，其寄生率可达 80%，是控制旋纹潜蛾的主要天敌。

2. **防治方法**

（1）消灭越冬虫茧　　8 月下旬，在树干或大枝基部束草圈，诱集幼虫入内
做茧越冬，然后进行集中处理。

（2）封杀越冬茧中羽化的成虫　　果树落叶后及时清扫。冬春季节彻底刮
除主干、主枝上的越冬虫茧，装入细纱网中挂于树上，封住害虫，保护寄生蜂
飞出。

（3）喷药防治　　在各代成虫盛发期进行喷药防治，施用药剂种类可参照金
纹细蛾的防治用药。

五、刺蛾类

在苹果树上造成严重危害的刺蛾，有黄刺蛾、褐边绿刺娥、双齿绿刺蛾、扁刺蛾和梨娜刺蛾（图7-29）。刺蛾以幼虫取食叶片。幼龄时仅在叶面取食，残留下表皮；大龄幼虫咬食叶片呈缺刻，严重时可将叶片全部吃光。幼虫体上有毒毛，刺及人体皮肤后会引起红肿和疼痛。

图7-29　5种刺蛾的成虫和幼虫

（a）黄刺蛾；（b）梨娜刺蛾；（c）褐边绿刺蛾；（d）双齿绿刺蛾；（e）扁刺蛾

1. 发生规律　　这几种刺蛾在苹果和梨区一年大都发生一代，以老熟幼虫在树干枝条上或土中结茧越冬。成虫昼伏夜出，有趋光性。雌蛾多产卵于叶背，排列成块。卵期7d左右。初孵出幼虫群集叶背啃食叶肉，稍大后逐渐分散，蚕食叶片，大量发生时可将叶片吃光。黄刺蛾成虫在6月中旬至7月中旬发生，褐边绿刺蛾和扁刺蛾成虫发生期在6月上中旬，双齿绿刺蛾成虫羽化期在6月，梨娜刺蛾的成虫则在9月发生。

2. 防治方法

1）结合果树冬剪清除越冬茧，或将越冬茧收集于网眼8mm的铁纱笼内，以封住刺蛾成虫加以消灭，而让寄生蜂飞出。在果树生长期人工捕捉幼虫。

2）在幼虫发生初期，向树上喷药，可选用的药剂为：90%敌百虫1500倍液、25%灭幼脲3号500～1000倍液或青虫菌800倍液。

六、蚜虫类

（一）苹果绵蚜

苹果绵蚜别名血色蚜虫、赤蚜等。目前在我国仅分布于大连、青岛、烟台、昆明和拉萨等地区，是国际国内的检疫对象。它的寄主植物有苹果、海棠、沙果和山荆子等。在原发地区美国，其还危害洋梨、李、山楂和榆等。该虫聚集于寄主的枝条、枝干伤口及根部吸取汁液。被害部位膨大成瘤，常破裂而阻碍水分和养分的输导，严重时使苹果树逐渐枯死，该虫还危害果实萼洼及梗洼部分（图7-30）。

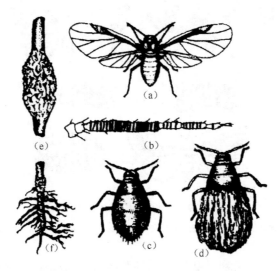

图7-30　苹果绵蚜

（a）（b）有翅胎生雌蚜及触角；（c）无翅雌蚜（蜡毛全去掉）；（d）无翅雌蚜（胸部蜡毛全去掉）；（e）（f）枝条和根部被害状

1. **危害症状**　苹果绵蚜集中于剪锯口、病虫伤疤周围、主干主枝裂皮缝里、枝条叶柄基部和根部为害。被害部位大都形成肿瘤，肿瘤易破裂，其上被覆许多白色绵毛状物，易于识别。有时果实萼洼、梗洼也受害，影响果品质量。

2. 形态特征

1）成虫。无翅胎生雌蚜长 2mm 左右，体呈红褐色。头部无额瘤，复眼暗红色。触角 6 节。

2）卵。长径约 0.5mm，椭圆形。刚产卵为橙黄色，渐变为褐色。

3. 防治方法

（1）加强检疫　　不要从发生苹果绵蚜的地区调运苗木和接穗。对外地调进的苗木和接穗，可用 40%乐果乳油 1000 倍液浸泡 2～3min，杀灭该害虫。

（2）药剂防治　　苹果绵蚜发生重的果园，在其繁殖高峰期前（辽宁为 4 月底至 5 月中旬和 8 月底至 9 月下旬，云南为 4～6 月和 10～11 月）树上喷布 40%氧化乐果乳剂，或 40.7%毒死蜱乳剂，或 50%久效磷乳剂，均为 2000～3000 倍液。或者枝干涂药环。具体方法是围绕主枝、主干环剥 6～7cm 宽，刮皮深度以露出韧皮部为宜，先涂药一遍，干后再涂一次。涂抹药剂为 40%氧化乐果乳剂 15 倍液。另外，树盘里可撒施 2.5%乐果粉、辛硫磷颗粒剂，浅耙入土里杀灭根部蚜虫。

（3）保护和利用天敌　　苹果绵蚜的捕食性天敌有七星瓢虫、异色瓢虫、多异瓢虫、黑条长瓢虫、黄缘巧瓢虫、六斑月瓢虫、白条菌瓢虫、十一星瓢虫、大草蛉及多种食蚜蝇等。寄生性天敌有日光蜂（图 7-31）。这些天敌对苹果绵蚜的寄生率高达 80%，可繁殖利用。

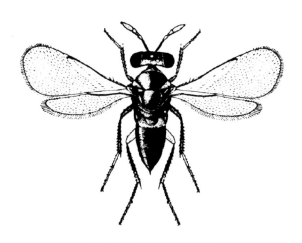

图 7-31　苹果绵蚜日光蜂

（二）绣线菊蚜

绣线菊蚜别名苹果蚜（图 7-32），分布于各省果区。其危害寄主有苹果、梨、桃、李、杏、樱桃和山楂等。绣线菊蚜的成蚜和若蚜群集危害新梢、嫩芽和叶片。

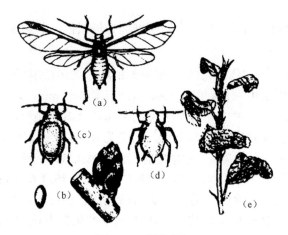

图 7-32 绣线菊蚜

（a）有翅胎生雌蚜；（b）卵；（c）无翅胎生雌蚜；（d）若蚜；（e）梢叶被害状

1. 形态识别

1）无翅孤雌胎生蚜。体长 1.6～1.7mm，宽约 0.95mm。腹管圆柱形向末端渐细，尾片圆锥形。

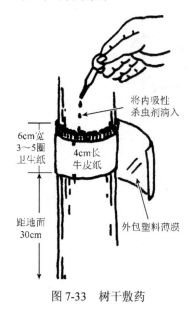

图 7-33 树干敷药

2）有翅孤雌胎生蚜。体长 1.5～1.7mm，翅展约 4.5mm，体近纺锤形，头、胸、口器、腹管、尾片均为黑色，腹部呈绿、浅绿或黄绿色，复眼为暗红色，口器为黑色，伸达后足基节窝。尾片圆锥形。

2. 发生规律

绣线菊蚜从春季至秋季，均进行孤雌生殖，6～7 月繁殖最快，为发生盛期。8～9 月发生量逐渐减少，10～11 月产生有性蚜，交尾后产卵越冬。蚜虫的天敌有瓢虫、草蛉、食蚜蝇、蚜茧蜂和蚜小蜂等，可加以保护和利用。

3. 防治方法

（1）喷洒柴油乳剂　苹果树发芽前，结合防治螨类，喷布含油量为 5%的柴油乳剂，消灭越冬卵。

（2）药剂防治 发生初期及虫害严重时，可喷布 10%吡虫啉 5000 倍液，或 1%阿维虫清 3000～4000 倍液等。少数未结果果树发生蚜虫时，还可选用内吸剂 40%氧乐果（或乐果）2～10 倍液涂抹树干，或对树干进行敷药包扎处理。这样做还可以保护天敌（图 7-33）。

七、苹掌舟蛾

苹掌舟蛾又名舟形毛虫。国内除新疆和西藏外，其他省、自治区、直辖市的果区都有分布。其初孵出幼虫仅食上表皮和叶肉，残留下表皮和叶脉呈网状；稍大开始啃食叶片，仅剩叶脉；3 龄后幼虫可将叶片吃光（图 7-34）。

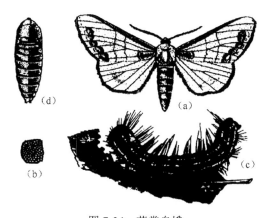

图 7-34 苹掌舟蛾
（a）成虫；（b）卵块；（c）幼虫；（d）蛹

1. 发生规律 苹掌舟蛾一年发生一代，以蛹在树盘下越冬。成虫 7 月上旬至 8 月上旬羽化，趋光性强。雌蛾将卵产于树冠中下部枝条的叶背，几十粒甚至上百粒密集而整齐地排在一起。幼虫孵出后成一横排啃食叶肉，稍大后分散为害，吃光叶片。幼虫受惊动时吐丝下垂，静止时首尾翘起，似停泊的群舟，故叫舟形毛虫。8 月下旬至 9 月中旬，老熟幼虫入土化蛹越冬。

2. 防治方法

1）消灭越冬蛹。在秋季深翻树盘，消灭越冬蛹或将其暴露于地表干死、冻死。

2）人工消灭幼虫。幼虫未分散前及时剪除有虫叶片，或振动树枝使幼虫吐丝下垂，予以集中消灭（图 7-35）。

3）喷药杀虫。在初龄幼虫期，向苹果树上喷施 90%敌百虫 1500 倍液，或 25%灭幼脲 3 号 1000 倍液，或含活孢子 100 亿个/克的青虫菌 800 倍液。

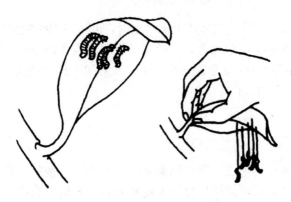

图 7-35　摘除虫叶

第八章　收获果实：果实采收及采后处理技术

苹果的采收期对产量、品质、耐贮性和经济收入等方面有显著的影响。采收过早，果实尚未充分发育，产量低，品质差；采收过晚，果实的贮耐性又会大大降低。采果是否适期，方法是否得当，将影响果实的产量、品质和贮性、运输损耗程度，继而影响商品价值。

第一节　果　实　采　收

一、苹果采收前管理

对于套袋苹果，袋内高温、高湿的微环境条件加重了苹果苦痘病、痘斑病、日灼病等生理性病害的发生，采前要适当采用除袋、摘叶、铺设反光膜及转果等方法增加果实的着色面积，提高果实商品率。为了提高果品质量，还可以采取一些其他措施，有些措施也可以用在非套袋苹果上。

（一）地下铺设反光膜

9月中下旬，在果实除袋后于树冠下铺设反光膜，可促进树冠内膛和下半部分果实着色。反光膜宜选用反光性能好、防潮、防氧化和抗拉力强的聚丙烯、聚酯铝箔、聚乙烯等材料制成的薄膜。铺膜前清除行间杂草，剪除树干周围萌蘖，疏除无用徒长枝、遮光重叠枝及过多梢头枝，回缩冠下部拖地裙枝。反光膜顺行铺在树冠两侧离主干 0.5m 处，膜宽 1m，膜外边与树冠外缘对齐，行间留 1～2m 的作业道。铺设时将成卷的反光膜放于树行一端，然后倒退着将膜慢慢滚动展开，边展边用石头、砖块压膜。压膜不宜用土，以防弄脏膜反光面，影响效果。膜面不能拉得太紧，以防气温降低时反光膜冷缩撕裂。果实采收前 1～2d 及时收膜，清扫膜上树叶、土块等杂物，小心将膜揭起、卷叠，再用清水洗净，晾干以备第二年再用。使用反光膜增色应与套袋、摘叶、修剪等管理技术结合起来，以求取得更好的增色效果。对于树冠郁闭、透光性差的果园，应先疏枝改善通风透光条件，再使用反光膜，否则效果不理想。

（二）摘叶、转果

1. 摘叶　　采前摘叶通常分两次进行，尽量选择阴天或晴天的傍晚摘叶，以防日灼。摘叶时以摘除贴果叶和果台枝基部叶为主：第一次在 9 月底进行（采前 20～30d），适当摘除果实周围 8～15cm 枝梢基部的遮光叶；第二次在采收前 5～7d，摘除果实周围的贴果叶、小叶、黄叶、老叶，尽量保留功能叶，以免影响光合效率。摘叶时，先摘除树冠中、下部和内膛的，后摘树冠上部外围的。总之，摘叶数量不应超过全树的 20%～30%。必要时可疏除树冠外围多余的梢头枝、冠内徒长枝和密生新枝，摘除部分中、长枝下部叶片。

2. 转果　　一般在除袋 1 周后，果实阳面着色面积达 70%左右时进行。转果时，轻轻转动果实，使其背阴面转至阳面，以促进果实均匀着色。不要用力过猛，以免扭落果实。转果分 2～3 次进行为好，转果后无法固定的果实，可用透明窄胶带将其固定在附近树枝上。注意转果应顺一个方向进行，避免拧掉果柄。采前转果应在阴天或下午 3 时后进行，以避免强光日灼。

二、采收期的确定

采收期要根据果实成熟度判断，判断苹果成熟度的方法有下列几种。

（一）果实生长天数

果实生长天数是指一个品种从落花期到采收期的天数，属品种特性，对一个品种来说是比较稳定的。一个地区苹果的物候期相差不大，各品种每年的成熟期基本一致。例如，河北省中南部主要品种的采收期，'早捷'为 6 月中下旬，'泽西美'为 7 月上中旬，'藤牧一号'为 7 月中旬，'安娜'为 7 月下旬至 8 月上旬，'美国 8 号''摩利斯'等为 8 月上中旬，'嘎拉'为 8 月中下旬，'津轻'为 8 月下旬至 9 月上旬，元帅系为 9 月中旬，'华冠''乔纳金'等为 9 月中下旬，'华帅'为 9 月下旬至 10 月上旬，'新世界'为 10 月上中旬，'王林''斗南'等为 10 月中旬，'国红'为 10 月中下旬，富士系为 10 月下旬。

（二）果皮底色

未成熟果实的果皮中有大量的叶绿素，随着果实的成熟，叶绿素逐渐分解，果皮底色由深绿色逐渐转为黄绿色，可以作为果实成熟的标志。

（三）果实硬度

一般成熟果肉松脆，适口性变好；而未熟果，果肉硬。

（四）主要化学物质的含量

果实成熟前，淀粉大量转变为糖，淀粉含量明显下降，而可溶性固形物含量升高。生产上常用可溶性固形物含量的高低来判断成熟度，或以可溶性固形物与总酸之比即固酸比来衡量，要求固酸比达到一定值时进行采收。例如，'富士'品种固酸比在 72.6～81.9 时采收最好。

（五）依据果实的用途

一般采后直接销售或短期贮藏的果实，宜在达到食用成熟度采收；作为长期贮藏运输的果实，宜在接近成熟时采收。气调贮藏的果实较冷藏果实采收略早，冷藏果实较普通贮藏略早。

采果时略微旋转，果柄即与树体分离。采果时动作要轻，采下后要轻轻放于采果篮内，以免碰伤。采摘时要注意连同果柄一起采下，并尽量保护果粉及蜡质。无柄的果实不仅果品等级下降，贮藏期间还容易感染病害和烂果。

三、采收方法

目前我国水果采收都是人工采收。尽管人工采收需要大量的劳动力，但可以保证果品的质量。

摘果前要先剪指甲，戴上手套，用手掌托住果实向上轻轻抬或略微旋转，果柄即与树体分离。采果时动作要轻，采下后要轻轻放于采果篮内，以免碰伤。采摘时要注意连同果柄一起采下，并尽量保护果粉及蜡质。无柄的果实不仅果品等级下降，贮藏期间还容易感染病害和烂果。

采摘时，应按先从树冠下部和外围开始，下部采完后再采内膛和上部的果实，以免碰落其他果实，造成损失。

在适采期内，同一株树上的果实，因其着生部位、果枝年龄、果枝粗细、类型和果数多少等不同，其成熟度也不尽相同。如果分批分期采收，则不但可使采下的果实都处于相近的成熟度，而且能提高产量、质量和商品果的均一性。通常分2～3批完成采收任务：第一批是树冠上部、外围的果，要先采着色好、果型大的果实；5～7d后，同样选着色好、果型大的果实进行采收；再过5～7d，将树上所剩的果实全部采下。一般前两批果要占全树果实的70%～80%，最后一批占全树果实的20%～30%。采收前两批果时，宜小心谨慎，尽可能不要碰落需留下的果实。

为了保证果实应有的品质，采收过程中一定要尽量使果实完整无损，这就需要在采果用的筐（篓）或箱底垫蒲包、麻袋片等软物。采果捡果要轻拿轻放，尽量减少转换筐（篓）的次数，运输过程中要防止挤、压、抛、碰、撞。

采收应选择晴朗的天气进行。采收的果实，放在阴凉处堆放24h后，即可分级、包装和贮藏，切忌日晒和雨淋。

四、采收后管理

（一）适时施基肥

果实采收后，应及时追施基肥。研究证实，给果树施数量和质量相同的肥料，秋季施用较春、冬季施用能提高坐果率8%～10%，提高产量10%～15%。其增产增优效果非常明显。秋施基肥，增施磷、钾肥，基肥的施用量占全年的60%～70%，是套袋苹果树最重要的营养来源，基肥应以有机肥为主。

（二）注意排水

苹果生长后期降雨量与果实含糖量呈极显著的负相关，特别是9月以后雨水过多，更会明显影响果实着色和糖分的增加。土壤含水量一般维持在田间最大持水量的70%～75%，果实成熟前1个月降为50%～55%，采后再增加到60%左右，降水量过大时，要设法排水。

（三）施药

采收后到落叶时还有40～50d的生长期，如果不及时喷药喷肥，将会导致叶片提前脱落，直接影响花芽分化进程和第二年的产量。同时，全园喷施药剂，可明显降低越冬病虫基数，降低第二年病虫的数量和危害程度。

（四）修剪

采收后的修剪主要是清除树冠内的徒长枝、秋季萌发的直立新枝和夏季留的牵制枝及回缩部分结果后的细长枝、衰老下垂枝。疏除细弱枝组及中上部的旺长枝可减少营养消耗，促进枝条充实、芽体饱满，有利于安全越冬。

（五）清园

果实采收后，要及时清除果园地面的杂草、落叶、烂果和果袋，剪除树上的各类病虫枝，刮净干枝上的腐烂病斑点。

第二节　果实分级

一、苹果的分级

苹果在生长过程中，受诸多因素的影响，其商品属性诸如大小、形状、色泽、成熟度等差异较大，即使同一植株上的果实，其商品属性也不可能完全相同，所以必须对采收的果实按一定标准进行分级。

分级就是将收获的果品，经过适度调整，根据形状、大小、色泽、质地、成熟度、机械损伤、病虫害及其他特性等，依据相关标准，分成若干整齐的类别，使同一类别的果品规格、品质一致，实现生产和销售的标准化。

果实分级一般凭肉眼挑选。选果人员要熟练掌握分级标准和出口要求，集中精力，认真负责，每个果都要过目。通常每个品种分3～4级；果实分级可在贮藏前进行，也可在贮藏后销售前进行，视具体情况决定。于贮藏前分级，可以将等外品挑出，以节省贮藏费用。但贮藏前经分级的果实，在贮藏过程中也会发生病害。因此，通常在贮藏后销售前进行分级。

二、分级标准

在符合基本要求的前提下，苹果分为特级、一级、二级3个等级，各质量等级要求见表8-1。

表 8-1　苹果等级规格

等级	着色要求	果面严重缺陷	果面轻微缺陷
特级	着色面≥90%，片红及集中着色条红，色调浓郁、鲜艳	允许总面积小于 0.5cm² 的轻微碰压伤两处，不变色、不发软，无其他缺陷	外观光洁细腻，允许不超出梗洼的梗锈，果形指数＞0.7，允许畸形小于 0.5cm
一级	着色面≥80%，片红及集中着色条红	允许总面积小于 2cm² 的轻微碰压伤，不变色、不发软，允许 0.1cm² 的轻微破皮伤 1 处；允许小于 0.02cm² 的非腐烂病点 1～2 处；允许长度小于 0.2cm 的水裂纹 5 处。不允许有虫、腐烂、脱水	果面光洁，允许轻微日灼、轻微超出梗洼的梗锈，总面积小于 4.5cm² 的轻微网状薄锈；果形指数≥0.7，允许畸形小于 1cm
二级	着色面≥60%，未集中着色条红及浅片红	允许总面积小于 2.5cm² 的轻微碰压伤，不变色、不发软，允许 0.1cm² 的轻微破皮伤 1 处；允许小于 0.04cm² 的非腐烂病点 2～3 处；允许长度小于 0.4cm 的水裂纹 10 处。不允许有虫、腐烂、脱水	无大日灼、果锈、疵点、雹伤；果形指数≥0.7

三、分级方法

（一）人工分级

我国大部分苹果产区还沿用传统的人工分级方法。果实大小以横径为准，用分级板分级。分级板上有 60～100mm 每级相差 5mm 的不同规格的圆孔。分级时，将果实按横径大小（能否通过某个等级圆孔）分成几个等级，一般为 1～3 级。而果形、色泽、果面光洁度等指标完全凭分级人员目测和经验判断确定。因此，要求每个选果分级人员必须熟练掌握分级标准，精力集中，高度负责，严格分级，规范操作，使同级果具有较高的均一性。手工分级能减轻伤害，但手工分级掺入主观因素，准确度低、劳动成本高、经济效益低，现已无法适应当前国内外市场对苹果消费的需要。

（二）机械分级

机械分级即用果品分级机进行分级，目前已在发达国家普遍应用。分级机械有构造简单的果型分级机，即按果实大小，借传送带分出若干等级。也有较为先进的光电分级机，既能确定果色，又能分出果重。自动化程度高的机器，可以将洗果、吹干、打蜡、分级、称重、包装一次完成，分级准确，工作效率很高。但不管任何先进的分级设备，都需要部分工作人员站在流水线边上，检出那些机器无法判断的带有伤痕和斑点等不符合标准的果实。

第三节　果品商品化处理

一、洗果

洗果就是采用浸泡、冲洗和喷淋等方式水洗或用毛刷等清除果实表面污物、病菌，使面卫生、光洁，以提高果实的商品价值。套袋苹果由于果面洁净，可不必洗果。

（一）清洗与消毒技术

清洗苹果的方式有两种：量少的可以用手工在大盆中清洗；量大的有专用的清洗机。涂蜡分级机分为果品清洗功能段和抛光功能段。操作开始后，先将循环水注满水箱，然后放入苹果，清洗功能段的清洗毛刷辊及其上部清洗喷嘴形成的雾化水流可洗去果面上的附着物（泥土、污物和药物等残留物），接着水流将苹果推向进果提升机，将苹果提出水面，并输送到清洗抛光机，抛光功能段的毛刷辊在将果面擦干的同时，对上蜡前的苹果果面进行预抛光。

（二）溶液洗果

用清水洗不掉的果面污物、霉菌、农药等，可用不同配方的溶液进行洗果。清洗用的药剂可根据果实受到的污染物不同而定，具体可以选择以下几种配方。

1）稀盐酸：用浓度为 0.5%～1.5%的稀盐酸。不需要加热，能溶解铅等重金属盐，但不易除去油脂，对清洗机的腐蚀作用也大。

2）稀盐酸加食盐溶液：用浓度为 1%的稀盐酸和 1%的食盐溶液浸泡 5～6min，可增加溶解有毒物的效力，并可以使果实浮在水面上，便于清洗中的操作和观察。

3）稀盐酸加矽酸钠：在加温到 37～45℃时，可以除去各种油脂污垢，最后再用清水冲洗干净。

4）石油或其他重矿物油：浓度为 1%的石油或其他重矿物油，能除去铅等有毒的重金属，还能除去油垢，增加果面光泽，其效果很全面。

5）高锰酸钾加漂白粉：0.1%的高锰酸钾溶液兑 60mg/kg 的漂白粉，在常温下浸泡数分钟，能清洗掉各种化学药品。生产上一般采取综合的方法，用 1%的稀盐酸兑 1%的石油，浸泡 1～3min 后，清洗干净，然后用清水冲洗。

二、打蜡

打蜡是在果实的表面涂上一层薄而均匀的透明薄膜，也称为涂膜，以达到在一定时期内良好的保鲜目的，是提高苹果商品质量的重要措施之一。果实打蜡后，在果实表面形成一层薄膜，不仅抑制其呼吸作用，减少水分蒸发和营养物质的消耗，延缓衰老，更重要的是增进果面光泽，使果实美观，提高商品价值。由于果实有一层薄膜保护，也可以减少因病原菌的侵染而造成的腐烂损失。这种方法已是现代果品营销的一项重要措施，多用于上市前的果实处理，也用于长途运输和短期贮藏。

打蜡的方法大体分为浸涂法、刷涂法和喷涂法三种，浸涂法最简便，即将涂料配制成适当浓度的溶液，将果实整体浸入，蘸上一层薄薄的涂料液，取出放到一个垫有泡沫塑料的倾斜处徐徐滚下，装入箱内晾干即成。刷涂法即用细软毛刷蘸上配好的涂料液，然后使果实在刷子间辗转擦刷，使表皮涂上一层薄薄的涂料液。国际上刷涂法的标准流程是：果实搬入—收货—输送机—洗净—干燥—涂蜡—刷果—干燥—选果—装箱。喷涂法的整个工序是在一台机械内完成的。目前世界上的新星喷蜡机一般是由洗果、干燥、喷蜡、低温干燥、分级和包装等部分联合组成。果实由洗果机送出干燥后，喷布一层均匀而极薄的涂料，干燥后及时包装。

打蜡用的涂料主要有石蜡类（乳化蜡、虫胶蜡、水果蜡等）、天然涂被膜剂（果胶、乳清蛋白、天然蜡、明胶、淀粉等）和合成涂料（防腐紫胶涂料等）。果蜡的类型很多，配方也是多种多样。美国用 2%的多菌灵蜡液打蜡；日本用蜡的成分很复杂（植物蜡 16%，吗啉脂肪酸盐 4%，纯水 73.3%，虫胶树脂 5.5%，对羟基安息酸丁酯 1.2%，还采用明胶、淀粉和苏打做成涂料），在果实表面挂一层无色无味的薄膜；德国用 20%高纯度石蜡、5%蜂蜡、0.2%的山梨酸和 74.8%的清水混合加热而成的一种蜡制剂。我国使用的石蜡乳剂、打蜡乳剂有两种：一种是液体石蜡加吐温 80（Tween 80）；另一种是液体石蜡加司盘 80（SPAN 80），效果都很好。两种配方中常常要加一点杀菌剂，起保护作用。乳化剂用三乙醇胺或油酸。

三、包装

包装是保证果实安全运输的重要措施，包装后的果实可减少在运输、贮藏和销售过程中的相互摩擦、挤压、碰撞等所造成的损失，减少水分蒸发，保持外形美观，提高商品价值。

（一）包装形式

1. 普通包装形式

（1）纸箱 为目前应用最广泛的包装材料。其质量、大小和规格有很多型号。一般内销用包装箱，由于纸箱为工厂化生产，质量和规格统一，具有使用轻便、装果容易、果实不受磨损、箱体可折叠等优点，为主要包装材料。但箱体软，较粗糙，易受潮变形，抗压力差，堆码不宜高，存放时间不宜长。可作为短期贮藏或近距离运输和销售用。

（2）瓦楞纤维纸箱 因原料不同，其坚固性有差异。以稻草和麦草等纤维作基材加工的纸箱，成本低，但质地较软，极易受潮，可用作近距离包装材料；以木料纤维作基材加工的纸箱，成本较高，但质地较硬，可作为远途运输及出口苹果的包装材料。上述两种纸箱均是将纸板加工成波状瓦楞，在瓦楞两面用黏合剂黏合平板纸而制成。如涂上防潮剂（如石蜡加石油树脂），既可防潮又能增加其抗压性。这是目前主要推荐使用的果箱。

（3）钙塑瓦楞箱 这是以聚烯烃树脂为基材，以碳酸钙为填充料，再加上适量助剂，经捏合、塑炼、压延和热黏而制成的钙塑瓦楞板，再按果箱规格组装而成的果品包装箱。该箱具有轻便、耐用、抗压、防潮和隔热等优点。虽然它造价较高，但可反复使用，从而降低了生产成本。

上述三类包装箱均可制成容量为 10kg、15kg、20kg、25kg 不等的包装箱。需要出口外销时，一般要求制成容量为 17kg 的包装箱。

2. 装潢包装形式

（1）竹藤柳制品 用竹皮、藤皮和柳条等材料制成造型精美的筐、篮、盘等，作为高档礼品的包装容器。现已进入超级市场，深受广大销售者的青睐。

（2）礼品盒 外观精美、高雅的便携式和套盖式礼品盒，随着消费水平的提高和消费习惯的改善，现已越来越受欢迎。设计小巧玲珑的包装盒，有的用硬质透明塑料制成，苹果外观好坏清清楚楚；有的包装盒上留有透明孔，以便于购买者观察。

以上几种包装形式均可制成 1kg、2kg、3kg、4kg 的小型礼品筐、篮、盘或盒。

（二）包装方法

在对苹果进行包装时，理想的包装状况应该是容器装满但不隆起，承受堆码负荷的是包装容器而不是果实本身，从而减少因挤压和碰撞而造成的果实损失。进行包装时，可按以下方法进行。

1. 贴商标标签　　根据自己的苹果品牌，设计商标标签，其风格、色彩、表现力要与苹果注册商标相一致。在每个果面同一部位贴上商标标签或技术监督部门监制的防伪标签。

2. 包果与装箱（盒）　　包果时，先将果梗朝上（果梗已用果梗剪剪过），平放于包装纸的中央，先将纸的一角包裹在果梗处，再将左右两角包起来，向前一滚，使第四个纸角也搭在果梗上，随手将果梗朝下平放于包装箱（盒）内。要求果间挨紧，呈直线排列，装满一层后，上放一层隔板或垫板，直至装满，盖上衬垫物后加盖封严，用胶带封牢或用封箱器捆牢。

在每个包装箱（盒）内，必须装同一品种、同一级别的苹果，不能混等。相同规格的包装箱（盒）内，装入同一级别的苹果，而且果型和数量要相同，其果实净重误差不超过 1%。为了运输方便，可将 2～8 件小包装盒装入大的外包装箱。

在每个包装箱（盒）和外包装箱上要标明品种、产地、重量、个数（盒数）和级别等。包装箱（盒）和外包装箱应具有坚固抗压和耐搬运的性能，同时应美观大方，含有广告宣传的效果。

3. 包发泡网　　操作时，先将发泡网用左手撑开，然后用右手将苹果装入袋内即可。如果先包纸后套发泡网，对果实的保护效果更好，不过费工费料，增加成本。只有在高档果品远距离运输或客商要求时，才适宜应用。

4. 礼品盒　　包装首先在盒内放入衬垫物或带凹坑的制模，然后在相同规格的礼品盒内装入相同级别的果实，并且果数要一致，使盒内果实净重误差不超过1%。不透明礼盒，可用包纸或发泡网。为了方便运输和防止挤压，可根据礼盒大小，将 2～8 件礼盒装入一个大的外包装箱内。外包装箱应坚固抗压、耐搬运，并且美观、大方，兼有宣传广告的特点。

5. 散装法　　这是目前除高档果品以外，采用比较多的方法。具体做法是：将同一级别的果实轻轻放入已垫有衬物的箱中。即将装满时，轻轻晃动箱体，使果品相互靠拢。果实间要尽可能有最小的孔隙度。随后将箱装满，上覆衬垫物，加盖后用宽胶带封牢。

第四节　果 实 贮 运

一、果实贮藏

苹果贮藏主要是通过调节贮藏环境条件，即降低温度、降低氧气浓度、提高二氧化碳浓度和提高环境中的相对湿度，从而降低苹果的呼吸作用，减少呼吸作用消耗的营养成分。研究证实，普通室温条件下贮藏的苹果在 7~15d 营养成分就出现明显改变，第 15 天维生素 C 含量的损失就达 50%，亚硝酸盐的含量明显升高。而冷藏条件下果实直至 30d 才开始出现较明显改变，60d 维生素 C 损失仅有 30%。在相同的贮藏时间内，冷藏条件下贮藏苹果的失重率、亚硝酸盐含量的增加量和维生素 C 含量的下降量等明显低于室温贮藏的苹果。但不同品种的耐贮性不同，'红富士''国光'等晚熟品种适合长期贮藏。而'红星''元帅''红玉''乔纳金''北斗'等中熟品种在贮藏过程中易后熟发绵、发涩，因而不耐贮存，但也有在气调库中贮存至第二年的例子。因而如果有条件的话，尽量采取各种现代化的贮存库等辅助措施进行贮存。目前，苹果贮藏方式主要有简易贮藏、机械冷藏和气调贮藏等。

（一）简易贮藏

1. 沟藏　　沟藏是利用土壤控制一定的温度、湿度和积累一定的二氧化碳来减少苹果的呼吸强度，减少损耗的贮存方法。选择背阴处挖宽、深各 1m 左右的地沟，长度以贮量而定，沟底最好铺 2~5cm 的细沙以有利于透气，防止湿度过大而引起部分烂果。果实覆盖则可用 10cm 厚草帘作沟盖。贮前白天将沟盖严，夜间敞开预冷，这样连续进行 7~10d。再将分级后的果实装入塑料袋中，塑料袋包装时要留通气孔，可防止二氧化碳浓度过高。敞口预冷 2~3 个晚上后于早晨扎紧袋口入沟贮藏。白天将沟盖严，夜晚敞开降温，当地沟内的温度稳定后（果温在冰点以上），就可以将地沟完全盖严。冬天应经常检查贮藏情况，春天当沟温回升到 15℃时，就应结束贮藏。

2. 窖藏　　窖藏是利用土窖缓慢变化的土温和简单的通风设备来调节窖内的温度和湿度，利于苹果长期贮藏。在苹果入窖贮藏的初期，夜间打开窖门和通风孔，引入外界冷空气，加速降低窖内温度，白天关闭窖门和通风孔。到贮藏中期的冬季（外界气温低于-5℃），在保证不受冻害的前提下，充分利于外界低温，使冷空气积蓄在窖内（窖内温度维持在 0℃左右）。开春后尽量少开窖门，防止冷空气损失。

3. 塑料袋贮藏　　塑料袋贮藏也称限气贮藏法。首先精选无碰伤、无病虫害的苹果，然后用保鲜液稍许浸泡后捞出，并贮存于通风木箱或筐内自然晾 4~5d，待果实表面药液基本风干，用 0.05~0.07mm 厚的聚乙烯塑料保鲜袋小心地将完好无损的果实装好，并扎紧袋口，可将装好的塑料保鲜袋放在通风较好的土窖洞或屋内摞起来。在实施时要及时放袋、封袋，调节好氧气与二氧化碳的浓度。该方法可贮藏 5~6 个月，好果率可达 85%左右。

4. 湿沙贮藏　　将选好的优质苹果放入 1：400 倍的多菌灵药液或 200 倍等量的波尔多液中，让其浸泡 5～10min 后取出，再用手抓成团、手松即散的湿沙平铺 7～10cm 厚，随后在湿沙上摆一层苹果，再用湿沙盖严。用前述方法依次向上摆放几层，最后四周都用湿沙围好，用牛皮纸或报纸覆盖。此外，翻检也很重要，通常以每隔一月翻检一次为宜，拣出坏果。在贮藏过程中，应随时保持沙子的湿度。采用此法贮藏的苹果 3 个月基本不变。

5. 通风库贮藏　　这种贮藏方式的通风库，采用隔热性能较好的建筑材料，配置更为灵活的通风设备，操作更为方便，是利用自然降温进行果品贮藏的一种好方法。

通风库的库型，一般有地上式、半地下式和地下式三种（图 8-1）。其中地下式适用于寒冷地区，地上式适用于地下水位高的地区。

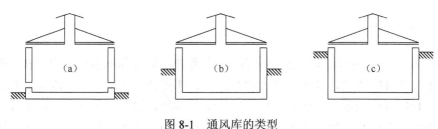

图 8-1　通风库的类型

（a）地上式；（b）半地下式；（c）地下式

通风库也可加装轴流风机强制通风（图 8-2）。单位时间内的通风量一般确定为库容的 15～20 倍为佳。

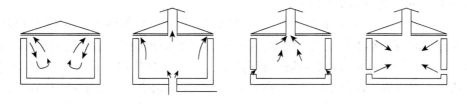

图 8-2　通风库的通风类型

（二）机械冷藏

冷藏设施通常称为冷藏库，也叫机械冷库、恒温库、冷风库、保鲜库或冷库。机械制冷装置是把库内的热量转向库外，使库内维持相对低温。冷库的库体具备良好的隔热、防潮性能，保证库内有一个稳定的温湿度条件。冷藏库内的温湿度可以人为调节，能使苹果获得最适宜的贮藏温度和湿度，适合任何苹果品种的长期贮藏保鲜。

苹果的冷藏库根据容量大小可分为大、中、小型冷藏库和超小型或微型冷藏库，如习惯将1000t以上的冷藏库称为大型冷库，500～1000t的冷藏库称为中型冷库，10～500t的冷藏库称为小型冷库，10t以下的冷藏库称为超小型或微型冷库。

冷库在管理上，主要是温度控制，一要尽量降低温度至接近苹果的最适贮藏温度；二要保持温度的相对稳定。苹果大部分品种适宜的贮藏温度一般在-1～2℃。

苹果冷藏库的湿度一般不能满足苹果保鲜的要求。目前多采用在冷库中使用保鲜包装袋的方法。保鲜袋是用塑料薄膜制成的各种袋子，它一方面起保湿作用，另一方面有气调效果，如效果比较好的PVC专用苹果保鲜袋。'红星''金冠'苹果采用0.06～0.07mm厚的PVC专用保鲜袋，'富士'苹果则采用硅窗袋和采用厚0.05mm以下的PVC专用保鲜袋。

（三）气调贮藏

气调贮藏即调节气体成分贮藏，在适宜温度下，保持有较多的二氧化碳和较少的氧气，从而抑制果实呼吸，延缓果实变软和衰老，延长果实贮藏寿命，保持果实的品质。

在气调贮藏中，温度、氧气和二氧化碳三者必须配备适当，低浓度的氧对抑制果实后熟、延长贮藏时间有决定性的作用。但是氧浓度低于1%时，果实会产生大量的乙醇和乙醛，使果实发生某些生理性病害。较高浓度的二氧化碳对果实保绿、保脆有重要的作用，但浓度超过10%时，果实容易发生二氧化碳中毒，果皮和果肉变成褐色。

苹果在气调贮藏中，要求氧含量为2%～4%，二氧化碳含量为3%～5%，温度为0℃左右，相对湿度为90%～95%。

（1）气调贮藏库　　即密闭条件好的冷藏库，附有调节和鉴定气体成分的设备，并能随测量的结果调节库内的温度和湿度。

（2）薄膜帐　　用0.2～0.25mm厚、机械强度好、透明、密封性好、耐低温的聚乙烯塑料薄膜压制成长方形的帐子，用来贮存苹果。帐子的大小根据贮果量而定，一般可贮存几至十几吨，在靠近帐顶的上部设有充气袖口，帐底的下部设有抽气袖口，在四壁的中间部位均留有取气样用的小孔。

果实贮进帐内以后，首先要降低帐内氧气的含量，其方法有自然降氧法和人工降氧法。

　　自然降氧法是利用果实的呼吸作用,逐渐将密封帐内的氧消耗到要求的浓度,然后再进行调节和控制。也可先用抽气机将帐内气体抽出一部分,以减少帐内气体体积,降低氧的含量。从贮藏开始就要在帐内放有适量的生石灰或用二氧化碳洗涤器来吸收果实呼吸放出的二氧化碳。

　　人工降氧法是先用抽气机将密闭帐内的气体抽出一部分,使塑料薄膜帐四壁紧紧贴在果筐或果箱上,然后从帐子上部的充气袖口充入氮气,使帐子恢复原状,如此反复 3 次,就可使帐内气体中氧含量降至 3% 左右。这种方法降氧快,贮藏效果好。

　　温度对果实呼吸和水分蒸发的影响很大,在一定范围内温度每升高 10℃,果实的呼吸强度要增加 2～4 倍。而温度降低,果实的呼吸强度也显著下降。因此,最好将贮藏塑料帐设在机械冷藏库内。在没有机械冷藏库时,可设在土窑洞、通风贮藏库等温度较低、变化幅度小的场地贮藏。不同品种的苹果对气体成分要求不尽相同,要注意分别调节。

　　当帐内氧含量低于 1% 时,要及时往帐内充入一定数量的空气或进行通风;氧含量超过 4% 时,要及时用抽气充氮的方法降低氧含量。要随时检查帐子有无漏洞,如发现漏洞要及时补好。

　　(3)胶气窗贮藏　　利用硅橡胶特有的性能,在较厚的塑料帐上镶上一定面积的硅橡胶窗,帐内果实呼吸释放出的二氧化碳通过硅橡胶窗透出帐外,所消耗的氧则由大气中的氧透过硅橡胶窗进入帐内。由于硅橡胶具有较大的二氧化碳和氧的透性比,并且帐内二氧化碳的透出量与其浓度呈正相关,因此贮藏一定时间之后,帐内的二氧化碳和氧含量就会自然调节在一定的比例范围之内。

　　硅橡胶窗面积可根据贮藏量和要求气体成分的比例,经过试验或通过计算来确定。例如,在 5℃ 条件下,贮藏 1000kg ‘金冠’苹果,使氧维持在 2%～3%,二氧化碳在 3%～5%,需要硅橡胶窗面积为 $0.6m^2$。

　　(4)小包装贮藏　　即在果筐或果箱中衬以塑料薄膜袋,果实装入后再将袋口缚紧或密封,构成一个密封的贮藏单位,放在温度比较低的地方贮藏。贮藏过程中,定时抽取袋内气体进行检查,如果氧含量过低、二氧化碳浓度过高,应及时解开袋口换气。

(四)自发气调贮藏

　　自发气调贮藏(MA)是指将水果封闭在具有特定透气性的塑料薄膜或带有硅窗的薄膜或其他膜制成的袋或帐中,利用水果自身的呼吸作用和薄膜的透气性能,在一定的温度条件下,自行调节密闭环境中的氧气和二氧化碳浓度,使之符合水果气调贮藏的要求，从而延长水果贮藏期的贮藏方式。我国是 MA 技术研究和应用最普遍的国家，最常用、应用效果最理想的 MA 贮藏材料是 0.02～0.06mm 的 PVC 膜或 PE 膜。目前，我国的相关机构研究开发出了多种水果专用保鲜膜（袋）和配套的保鲜剂、防腐剂、乙烯和二氧化碳吸收剂等相关技术。例如，国家农产品保鲜工程技术研究中心研制的绿达系列果蔬保鲜膜及其配套的 CT 系列保鲜剂，甘肃省农业科学院研制的以纳米 SiO_x 果蜡为代表的单果涂膜微气调技术等，使我国的 MA 技术已经基本成熟和走在国际前列。

二、果实运输

苹果运输中的环境条件变化和生理变化与苹果保鲜关系十分密切。在流通过程中，为保护产品、方便运输、促进销售，除了必须采取适当材料、包装容器和施加一定的技术处理外，还必须重视装卸、搬运和操作的质量。进行水果的运输保鲜，应注意以下几个方面。

（一）振动

在运输过程中，由于上下震动、左右摇动和前后晃动，箱内苹果逐渐下沉，箱的上部受到的加速度为下部的 2～3 倍，所以，越是上部的苹果越容易变软和受伤。在箱子受到一定震动和加速度的情况下，良好的包装材料和填充材料都能吸收部分冲击力，使新鲜水果所受到的冲击力有所减弱。此外，当新鲜水果由于震动、跌落产生外伤时，会使呼吸作用急剧上升，导致果实内含物消耗增加，风味下降。因此，运输时必须尽量减少振动。

（二）温度

采取低温措施，对保持果品的新鲜度和品质及降低运输损耗十分有效。苹果在运输过程中，要尽可能采用冷链运输，使苹果保持 3～10℃的温度。

（三）堆码

合理安排货位、堆码形式和高度。货垛排列方式、走向及间隙应与库内空气环流方向一致。按品种分库、分产地、分垛、分等级堆码，不与有毒有味的物品混贮。为便于空气环流和散热降温，有效空间的贮藏密度不应超过 250kg/m³，箱装苹果用托盘堆码的贮藏密度允许增加 10%～20%。为便于检查、盘点和管理，垛位不宜过大，入满库后及时填写货位标签和货位平面图。货位堆码要求：距墙 0.20～0.30m，距冷风机≥1.5m，距顶 0.50～0.60m，垛间距离为 0.30～0.50m，库内通道宽 1.20～1.80m，垛底垫木（石）高度为 0.10～0.15m。经过预冷的苹果可一次性入库；未经预冷的苹果需分批入库，一般每批入库量应小于库容量的 1/3。对于气调贮藏，还应检查库体的气密性。

主要参考文献

曹新芳，姜召涛.2015. 现代苹果高效栽培实用新技术[M]. 北京：中国农业出版社

陈敬谊.2016. 苹果优质丰产栽培实用技术[M]. 北京：化学工业出版社

陈新平.2009. 苹果新优品种及优质高效栽培技术[M]. 郑州：中原出版传媒集团，中原农民出版社

迟斌，高文胜.2013. 苹果有袋栽培关键技术集成. 北京：中国农业出版社

杜纪壮，李良瀚.2006. 苹果优良品种及无公害栽培技术[M]. 北京：中国农业出版社

冯明祥，姜瑞德，王继青，等.2004. 无公害苹果生产中化学农药选用技术研究[J]. 中国果树，（4）：8-10

高文胜.2005. 无公害苹果高效生产技术[M]. 北京：中国农业大学出版社

高文胜，吕德国.2010. 苹果有袋栽培基础[M]. 北京：中国农业出版社

高文胜，吕德国，蔡明，等.2009. 苹果果实套袋后真菌种群结构变化研究[J]. 果树学报，26（3）：271-274

高文胜，吕德国，于翠，等.2007. 套袋苹果微域环境下微生物种群结构研究[J]. 果树学报，24（6）：830-832

高文胜，王志刚，郝玉金.2015. 苹果现代栽培关键技术[M]. 北京：化学工业出版社

国家苹果产业技术体系.2012. 渤海湾苹果产区果园起垄生草土壤管理制度技术规范[J]. 落叶果树，44（5）：5-6

韩明玉，李丙智，范崇辉.2004. 水果套袋理论与实践[M]. 西安：陕西科学技术出版社

胡想顺，董民.2015. 无公害苹果高效栽培与管理[M]. 北京：机械工业出版社

花蕾.2006. 图说苹果高效栽培关键技术[M]. 北京：金盾出版社

李保国，南燕.2008. 苹果标准化栽培技术[M]. 石家庄：河北科学技术出版社

李丙智，张林森.2002. 苹果、梨、葡萄无公害套袋栽培技术[M]. 西安：陕西科学技术出版社

李丙智，张满让，姜中武，等.2012. 苹果高纺锤形树形及简化修剪技术规范[J]. 果农之友，（4）：10-16

李学强.2006. 优质苹果标准化栽培技术[M]. 郑州：中原农民出版社

刘凤之，聂继云.2004. 苹果无公害高效栽培[M]. 北京：金盾出版社

吕德国，陈军，高文胜，等.2009. 套袋苹果不同纸袋内不同时期真菌种群结构研究[J]. 沈阳农业大学学报，40（1）：80-83

尼群周，徐国良.2006. 优质苹果良种及栽培关键技术[M]. 北京：中国三峡出版社

孙文耕.2013. 苹果高光效树形——小冠开心形[J]. 河北科技报，9（02）：19

汪景彦.2013. 苹果树"傻瓜"修剪法[M]. 北京：中国农业出版社

汪景彦，朱奇，杨良杰.2013. 苹果树合理整形修剪图解[M]. 3版. 北京：金盾出版社

王立新，王森.2012. 苹果优质丰产栽培技术[M]. 北京：化学工业出版社

王少敏，高华君. 2002. 果树套袋关键技术图谱[M]. 济南：山东科学技术出版社

王少敏，张毅. 2006. 苹果套袋栽培技术[M]. 济南：山东科学技术出版社

吴健君，陈龙. 2009. 苹果标准化生产实用技术[M]. 兰州：甘肃民族出版社

闫振立. 2010. 苹果优质丰产栽培技术[M]. 北京：中国劳动社会保障出版社

燕志晖. 2010. 矮化苹果高纺锤形整形修剪技术[J]. 西北园艺，（2）：13-14

杨力，张民. 2006. 苹果优质高效栽培[M]. 济南：山东科学技术出版社

袁景军，赵政阳，冯宝荣. 2004. 绿色无公害苹果六大生产原则与关键控制技术[J]. 陕西农业科
　　学，（6）：91-94

张上隆，陈昆松. 2007. 果实品质形成与调控的分子机理[M]. 北京：中国农业出版社

钟世鹏. 2011. 苹果高效栽培与病虫害防治[M]. 北京：中国农业科学技术出版社